Eduard Seler

Die Quetzalcouatl-Fassaden yukatekischer Bauten

Verone

Eduard Seler

Die Quetzalcouatl-Fassaden yukatekischer Bauten

1st Edition | ISBN: 978-9-92500-089-0

Place of Publication: Nikosia, Cyprus

Erscheinungsjahr: 2016

TP Verone Publishing House Ltd.

Nachdruck des Originals von 1916.

Eduard Seler

Die Quetzalcouatl-Fassaden yukatekischer Bauten

Verone

In den mexikanischen Legenden spielt ein Gott eine große Rolle, ein Menschenschöpfer und Kulturheros, der der erste König in diesen Landen gewesen sei und lange Zeit in Frieden über ein Reich des Überflusses, der Kunstfertigkeit und der Frömmigkeit geherrscht habe, der aber dann, in Sünde und Schuld verstrickt und krank geworden, von den Zauberern aus seinem Lande vertrieben worden und nach Osten gezogen sei, um dort zu sterben, von dem man aber erwartete, daß er wiederkommen, daß er neu geboren werden werde und seine Herrschaft wieder an sich nehmen werde. Dieser Gott, der in sich die Erlebnisse des Mondes verwirklichte, der aber von den Mexikanern auch mit dem Planeten Venus in Verbindung gebracht wurde, wurde *Quetzalcouatl*, die »mit grünen Quetzalfedern bedeckte Schlange« oder auch *Ce acatl* »eins Rohr« nach dem Tage genannt, wo er den Seinen entschwand oder starb und in den Morgenstern sich verwandelte. Den Spätern galt er, infolge der naheliegenden Gedankenverbindung Leben — Atem — Hauch, auch als Windgott und wurde deshalb *Èēcatl* genannt, und in dieser Gestalt insbesondere sehen wir ihn in den Bilderschriften und in Stein- und Tonbildern abgebildet (Abb. 1—4).

Von ihm erzählten die Historiker der ersten spanischen Zeit, daß seine Tempel rund gewesen seien, mit hohem spitzem Strohdache und kleiner niedriger Türöffnung, wie die Türe eines Backofens, durch die man nur kriechend ins Innere gelangen konnte[1]. Diese Tatsache, die durch Tonbilder bestätigt wird, die den Gott vor seinem Tempel sitzend darstellen

[1] Fray Diego Durán, Historia de las Indias de la Nueva España, cap. 84, Vol. II, México 1880, p. 121. 122. — Vgl. auch den Kommentator von Blatt 8 verso des Codex Vaticanus 3773 und Fray Toribio Motolinia, Memoriales I^a^ Parte, cap. 30 (edidit Luis Garcia Pimentel. Méjico 1903, p. 84).

Abb. 1. 2. *Quetzalcouatl*, der Windgott. Codex Magliabecchiano XIII, 3, fol. 61, 62.

(Abb. 7), läßt eine doppelte Erklärung zu: — Man sieht in den Bildern dieses Gottes, die aus dem im engern Sinne mexikanischen Gebiete stammen, in den bunten Malereien der Bilderschriften sowohl (Abb. 1 u. 2), wie in den Bildern aus Stein und Ton (Abb. 3 u. 4), daß man die Natur dieses Gottes in seiner Rolle als Windgott, d. h. des Kreisenden, des Wirbelnden, dadurch zur Anschauung zu bringen sich bemühte, daß man alles an ihm,

Abb. 3. *Quetzalcouatl.* Steinfigur der Uhdeschen Sammlung. Kgl. Museum für Völkerkunde, Berlin.

seine Kopfbedeckung, die Enden seiner Schambinde, seinen Brustschmuck, sein Schildabzeichen und das Wurfbrett, das er in der Hand hält, mit kreisrundem Umriß oder schneckenförmig sich einrollend gestaltete und ihn auch reichlich mit aus Schneckengehäusen bestehendem Schmucke ausstattete. Es erscheint danach ganz natürlich, daß auch seine Tempel rund sein mußten, wie entsprechend auch, als für ihn passende Opfergaben, Kürbisse und Melonen, d. h. große runde Früchte, genannt werden. — Man kann aber die genannte Besonderheit der *Quetzalcouatl*-Tempel noch auf einen andern Umstand zurückführen. Die Rohrhütten von kreisrundem

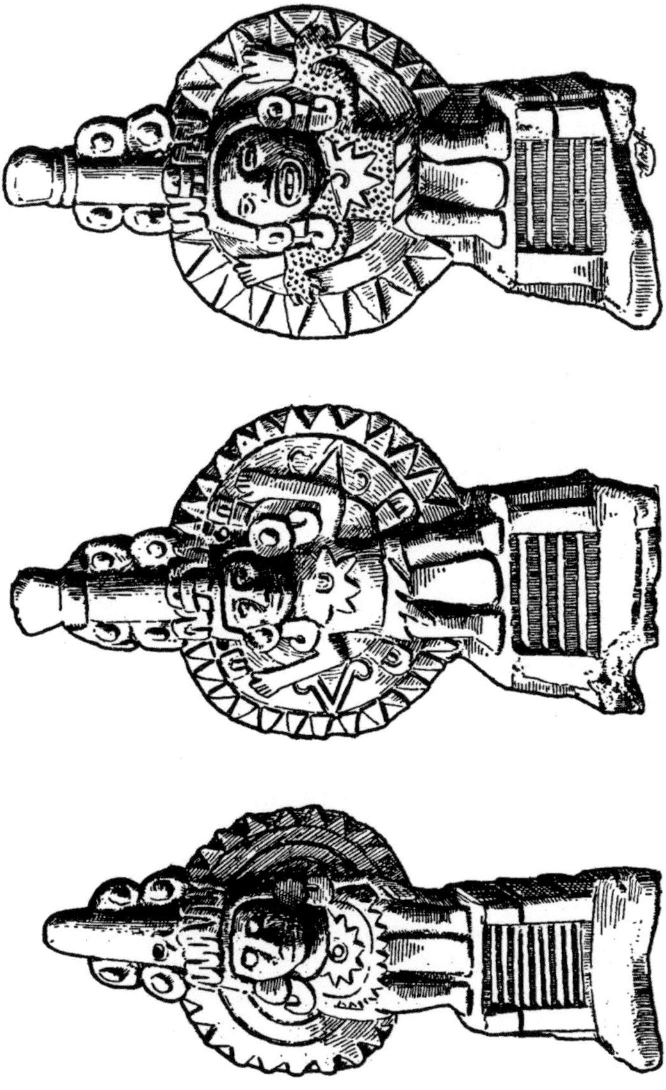

Abb. 4a—c. Tonbilder *Quetzalcouatl's*. San Dieguito bei *Tezcoco*. Kgl. Museum für Völkerkunde, Berlin.

Umrisse mit hohem spitzem Strohdache sind in der regenreichen Tierra caliente des atlantischen Abhangs, in der Gegend von *Orizaba* und in benachbarten Tälern, üblich. Dort ist offenbar der Gott heimisch gedacht. Dorthin zog er *teotl iixco* »der Sonne entgegen«, um dort zu sterben, und mit ihm war auch, wie die Mexikaner glaubten, die ganze Pracht der

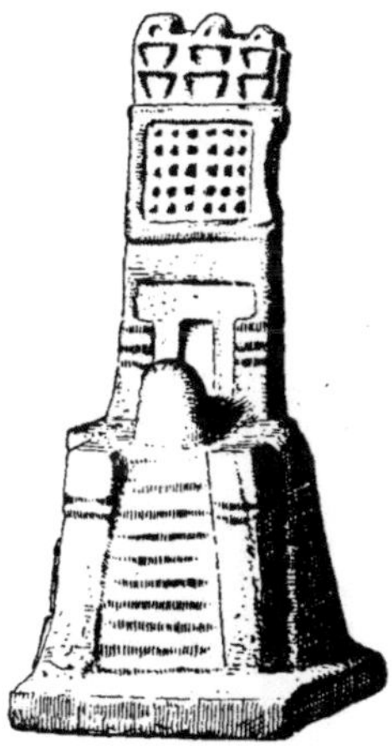

Abb. 5. Tonfigur, Einzeltempel, mit Sternhimmelfries und Zinnen und mit dem Opfersteine am oberen Ende der Treppe.

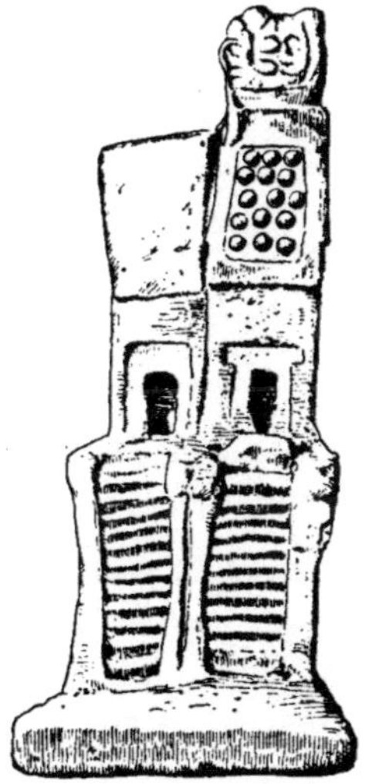

Abb. 6. Tonfigur, Doppeltempel. Die eine Hälfte, mit dem Sternhimmel am Friese, dem Himmelsgotte geweiht; die andere vermutlich dem Regengotte.

Abb. 7. Tonfigur, Runder Tempel *Quetzalcouatl's*, mit hohem spitzen Strohdache und mit der Figur des Gottes vor der Tür des Sakrariums.

Sammlung Vischer, Museum Basel.

Tierra caliente zur atlantischen Küste gezogen, wo, wie die Mexikaner ebenfalls glaubten und erzählten, seine Nachkommen noch zu ihrer Zeit lebten. Es ist jedenfalls sehr bemerkenswert, daß in den Malereien der Tempel von *Chich'en Itzá* die erobernden Stämme, deren Idol und Führer der in die Gestalt der Federschlange gekleidete Gott war, in kreisrunden Hütten abgebildet werden, während ihre Gegner, die von ihnen angegriffen und vertrieben werden, große, mit einem Firste und langem Satteldache versehene, eng an einander gereihte Häuser bewohnen (vgl. Abb. 8 u. 9).

Abb. 8. *Chich'en Itzá.* Wandmalereien in der Cella des Tempels der Jaguare nnd der Schilde. Die *Itzá*-Leute vor ihren Rundhütten.

Abb. 9. *Chich'en Itzá.* Wandmalereien in der Cella des Tempels der Jaguare und der Schilde. Eines der Häuser des Eingeborenendorfes und die flüchtenden Weiber.

Der kreisrunde Umriß ist nun aber nicht die einzige Besonderheit, die von den Tempeln *Quetzacouatl*'s angegeben wird. Spätere Autoren, wie der »Coronista mayor de Su Magestad« Antonio de Herrera, fügen hinzu, daß der Eingang in den Tempel dieses Gottes — »eine Tür gewesen sei, wie der Rachen einer Schlange gestaltet und in teuflischer

Weise bemalt. Dieser Schlangenrachen hätte Schneide- und Eckzähne voll ausgearbeitet gehabt und sei so scheußlich und natürlich wiedergegeben gewesen, daß er auch dem mutigsten Manne Furcht eingeflößt hätte[1]«.

Die Beschreibung Herrera's geht auf eine Stelle der »Historia verdadera de la Conquista de la Nueva España« des Bernal Diaz del Castillo zurück[2], die sich auf einen der Tempel von *Tlatelolco* bezieht, der Schwesterstadt von *Mexico-Tenochtitlan*, die auf derselben Laguneninsel wie die letztere erbaut war. Die Spanier, die einige Tage zuvor in die Hauptstadt eingezogen waren, waren von *Motecuhçoma* gastlich empfangen worden und hatten in dem Palaste *Axayacatl*'s Quartier angewiesen erhalten. Voller Begier, die Wunder dieser großen Stadt in Augenschein zu nehmen, drängten sie *Motecuhçoma*, ihnen auch den großen Tempel seines Gottes zu zeigen. *Motecuhçoma* aber lenkte sie ab und führte sie zu der offenbar auch zu gleicher Höhe emporragenden Tempelpyramide der Schwesterstadt *Tlatelolco*, die, nachdem ihre Altäre längere Zeit wüst gelegen hatten, mit Erlaubnis der mexikanischen Herren von dem Volke von *Tlatelolco* wieder in Gebrauch genommen worden waren. Die Spanier hatten mit großem Erstaunen auf dem Hauptplatze von *Tlatelolco* den Markt und das Treiben auf ihm in Augenschein genommen und waren dann die 114 Stufen zur oberen Plattform der Tempelpyramide, die sich an der Nordseite des Marktplatzes erhob, emporgestiegen und blickten auf die große, von Menschen wimmelnde Stadt zu ihren Füßen, auf den See mit den ihn durchschneidenden Dämmen und den schimmernden Kranz von Städten und Dörfern, die seine Ufer umsäumten, hinab. Hier fährt nun Bernal Diaz in seiner Erzählung folgendermaßen fort:

»Doch lassen wir das und sprechen wir von den großen und prächtigen Höfen, die sich vor dem [Tempel des] *Vichilobos* befanden, wo heute der Hr. Santiago (die Kirche des heiligen Jacobus) steht, der ,El *tatelulco*' heißt, weil man ihn so zu nennen pflegte.« Bernal Diaz beschreibt dann den Hof, gibt an, daß er so breit wie der Marktplatz von Salamanca gewesen sei und fährt dann fort: »Und ein wenig entfernt von der großen Tempelpyramide stand eine andere kleine Pyramide, die auch ein Götzen-

[1] Antonio de Herrera, Historia General de los hechos de los Castellanos, en las Islas, y Tierra Firme de el Mar Oceano, Dec. II, Lib. 7, cap. 17, p. 197, 1.

[2] Bernal Diaz del Castillo, Historia Verdadera de la Conquista de la Nueva España, cap. 92. La publica Genaro Garcia, México 1904, Tomo I°, p. 294. 295.

haus oder eine reine Satanswohnung war, weil sie an der Mündung der einen Tür einen schrecklichen [Ungeheuer-]Rachen hatte, der Art, wie man die malt, die, wie man sagt, sich in der Hölle befinden, mit offnem Maule und großen Hauzähnen, um die Seelen zu verschlingen. Und ebenso befanden sich dort neben der Tür ein paar Steinbilder von Teufeln und Schlangenleibern und etwas entfernt ein Opferstein, und alles voll Blut und schwarz von Rauch . . .«

In dieser Beschreibung möchte ich zunächst auf die eine Wendung — »hatte an der Mündung der einen Tür einen schrecklichen Rachen« (. . . tenia a la boca de la una puerta una muy espantable boca) — besonders aufmerksam machen. weil daraus hervorgeht, daß dieser kleinere Tempel, den Bernal Diaz in *Tlatelolco* sah und beschreibt, gleich dem Haupttempel *Uitzilopochtli*'s in *Mexico Tenochtitlan* und, wie auch die große Tempelpyramide in *Tlatelolco* selbst. zwei Sakrarien auf seiner Plattform trug, von denen nur das eine *Quetzalcouatl* gewidmet gewesen sein kann. Ferner ist zu bemerken, daß dieser Tempel nicht der Haupttempel von *Tlatelolco* war. In der Tat wird in den sehr detaillierten Beschreibungen, die der P. Sahagun von den das ganze Jahr füllenden Kultzärimonien in *Mexico* gibt. *Quetzalcouatl* nur ganz nebenher erwähnt. *Quetzalcouatl* war der Gott, der auf dem *Tlachiualtepetl*, dem »künstlichen Berge«, der großen Pyramide von *Cholula*, thronte. Seine Verehrer waren die *Cholulteca*, die sich toltekischer Abkunft rühmten, also zu dem Volke sich rechneten, das mit *Quetzalcouatl* nach Osten gezogen war. und die, als die Veranstalter und Führer der großen Handelsexpeditionen, mit dem Lande, das das Ziel der Wanderung *Quetzalcouatl*'s gewesen war, der atlantischen Tierra caliente, in ständiger Verbindung standen. Ihnen aber waren die *Tlatelolca* Berufsgenossen. Denn die *Tlatelolca* waren, nach dem Chronisten, die *pochteca oztomeca anauac calaquini . . . anauatl quixaqualotinemi anauatl quilacatzotinemi* »die Kaufleute, die das Küstenland betreten, die die ganze Welt durchstreifen, rund um die ganze Welt ziehen[1]«. Es ist nur natürlich, daß in *Tlatelolco* auch ein Tempel *Quetzalcouatl*'s, des Gottes von *Cholula*, des Gottes der Kaufleute, stand.

Bauten. die den in obigem beschriebenen Charakter zeigen, sind in dem alten mexikanischen Sprachgebiete jetzt nicht mehr vorhanden. Auch an authentischen Bildern früherer, jetzt zerstörter solcher Tempel fehlt es.

[1] Fr. Bernardino de Sahagun, Historia General de las Cosas de Nueva España, libro 1 cap. 19. (MS. Bibl. Academia de la Historia, Madrid.)

Ich kann nur ein Blatt aus einer Bilderschrift anführen. Codex Borgia 14, wo wir einen Tempel sehen, der allerdings nicht *Quetzalcouatl*, sondern einer verwandten Gottheit des Westens, *Tepeyollotli*, dem Gotte der Höhlen, gewidmet ist, der durch ein hohes, spitzes Strohdach von kreisrundem Umrisse ausgezeichnet ist, und dessen Türe von einem aufgeklappten Ungeheuerrachen gebildet wird (vgl. Abb. 10). Sonst kenne ich nur noch ein Bild, das Frédéric de Waldeck auf der Tafel 45 seines Albums der Altertümer von *Palenque* und *Ococingo* zeichnet, wo wir einen prächtig ausgeführten Schlangenrachen sehen mit großen Fangzähnen, der den Türeingang in das Innere einer Stufenpyramide bildet[1]. Die Tafel steht dort inmitten andrer, die Abbildungen von Gegenständen der Kleinkunst, die Mosaiken des British Museum's u. a., zeigen. Das ganze Bild sieht alles andre eher als authentisch aus.

Abb. 10. *Tepeyollotli*, der Gott der Höhlen, der achte der neun Herren der Stunden der Nacht. Codex Borgia 14.

Wenn wir uns aber auf dem näheren und ferneren mexikanischen Gebiete und bei den unmittelbaren Nachbarn der Hauptstadt Mexico vergebens nach Bauten umsehen, die der obigen Beschreibung entsprechen, so scheint es doch, daß diese außerhalb des mexikanischen Sprachgebietes noch zu finden sind in dem Lande, das die Mexikaner *Nonoualco* »Land der Stummen«, d. h. das fremdsprachliche Land, nannten, das zugleich dem *Tlillan Tlapallan*, dem »Lande der schwarzen und der roten Farbe«, d. h. dem »Lande der Schrift«, entsprach, wohin *Quetzalcouatl* zog, und wo er starb oder den Seinen entschwand. Im engern Sinne verstanden die Mexikaner unter *Nonoualco* das Territorium der heutigen Staaten *Tabasco*, *Campeche* und *Yucatan*, uraltes Kulturgebiet, dessen heutige indianische Bevölkerung das echte Maya oder eine ganz nahe verwandte Sprache spricht, wo aber in alter Zeit neben den Maya erobernde mexikanische Stämme jahr-

[1] *Palenque, Ococingo* et autres Ruines de l'ancienne civilisation du Mexique, dessinés d'après nature et relevés par M. de Waldeck. Paris, Arthus Bertrand, Éditeur.

hundertelang eine Herrschaft ausgeübt haben und gewaltige Bauten als Zeugen ihrer Anwesenheit hinterlassen haben.

Die Halbinsel *Yucatan* zerfällt heute in zwei gesonderte Verwaltungsbezirke, den Staat *Yucatan* im Norden und den Staat *Campeche* im Süden. Landschaftlich stehen der nördliche Teil des Staates *Yucatan* und die weiter südlich gelegenen Landstriche einander gegenüber. Der erstere erscheint in der Hauptsache als eine weite steinige, ebene Fläche, eine in junger geologischer Zeit über das Meer emporgehobene Korallenkalkplatte, die mit niedrigem, wie mit der Schere abgeschnittenem Buschwalde bedeckt ist, und erst neuerdings durch die Kultur der Henequen-Pflanze, der *Agave rigida* und *Agave Sisaliana*, eine besondere wirtschaftliche Bedeutung erlangt hat. Weiter südlich treten Höhenzüge auf, die weite, mit zusammengeschlämmtem eisenschüssigem Tone, den Restprodukten der Zersetzung des Kalkes, erfüllte Dolinen umschließen, die heute, ebenso wie die umgebenden Höhen, mit einem zu Urwaldhöhe emporragenden Baumbestande bedeckt sind, soweit nicht durch Rodungen Platz für Maisanpflanzungen geschaffen worden ist. Hier liegen, noch auf dem Gebiete des Staates *Yucatan*, die alten Städte *Uxmal*, *Kabah*, *Labná*, *Sayi* und viele andere. Jenseit der Grenze, im Gebiete des Staates *Campeche*, folgt eine Anzahl ehemals blühender Ortschaften, deren Namen mit dem Worte *ch'en* »Brunnen« gebildet sind, weil ihre Existenz an Höhlen im Kalkfelsboden gebunden ist, durch die man an den Spiegel der unterirdisch fließenden Ströme gelangen kann, der einzigen, zu jeder Jahreszeit ergiebigen Trinkwasserquelle, die es in diesen Ländern gibt. Die Hauptorte sind, von Norden nach Süden folgend, *Bolon ch'en* »Neun Brunnen«, *Hoppel ch'en* »Fünf Brunnen« *X kom ch'en* »Schluchtbrunnen«, *Ɔibal ch'en* »der gemalte Brunnen« und seitwärts der großen Straße *Sahcab ch'en* »der Brunnen der weißen Erde« und andere. Man hat darum den ganzen Distrikt die »Provincia de los Chenes« genannt.

Die Orte liegen schon an der Grenze des niemals ganz unterworfenen Landes und haben zur Zeit des Indianeraufstandes vom Jahre 1847 schwer gelitten. Wenige Leguas südlich von *Ɔibal ch'en* beginnt heute das Territorium der unabhängigen Indianer von *X kan há*, dem weiter im Süden das unabhängige Territorium *Icai ché* folgt. Früher ganz unnahbar, sind diese unabhängigen Indianer neuerdings zugänglicher geworden. Ihre leitenden Persönlichkeiten haben Verbindungen mit den Behörden[1] in Campeche angeknüpft. Bis in die Nähe von Iturbide, das etwas nordöstlich von *Ɔibal ch'en* liegt, streiften bis vor kurzem noch die *Chan-Santa-cruz*-Indianer, die die faktischen Herren des ganzen östlichen Teiles der Halbinsel Yucatan nördlich von Belize waren. In den letzten Jahren der Regierung des Generals Porfirio Diaz sollten sie wieder einmal unterworfen worden sein. Es wurde für sie das Verwaltungsgebiet von *Quintana Roo* gegründet. Doch ist die Unterwerfung sicher keine wirkliche und dauernde gewesen. In neuerer Zeit scheinen die Städte der Chenes wieder einen gewissen Aufschwung zu nehmen, da sie die Ausgangspunkte für die Expeditionen in die großen Waldgebiete sind, wo die Chicozapote-Bäume wachsen, die das wichtige Handelsprodukt »*chicle*« (mexikanisch *tzictli*), den von den Damen der Vereinigten Staaten sehr geschätzten Kaugummi, liefern.

In alter indianischer Zeit müssen diese jetzigen Grenzgebiete gut besiedelt gewesen sein. Denn das Erdreich ist fruchtbar, und an ausgiebigem Regen fehlt es in der sommerlichen Regenzeit nicht. So fanden sich denn auch an verschiedenen Stellen, in der Nähe der heutigen Orte und in einiger Entfernung von ihnen Reste alter Steinbauten, die die religiösen und politischen Zentren einer zweifellos nicht unbedeutenden Indianerbevölkerung gewesen sein müssen. Sie unterscheiden sich in mehr als einer Hinsicht von den Bauten, die wir aus den nördlichen Teilen der Halbinsel Yucatan kennen, und gehören zu den schönsten und merkwürdigsten Erzeugnissen der alten eingeborenen Kultur, die bisher in diesen Ländern angetroffen worden sind.

I. Hochób.

Ich nenne in erster Linie die Ruinen von *Hochób*, die im Jahre 1887 von unserm Landsmanne Teobert Maler entdeckt und von ihm im »Globus« (Bd. 68, Nr. 18, Oktober 1895) kurz beschrieben worden sind. Sie liegen 8 km südlich von *Ɔibal ch'en* auf einer sanft ansteigenden natürlichen Höhe, unweit einer Stelle, wo sich einige »Aguadas«, mehr oder minder beständige Regenwasserlachen, finden. Das Land ist fruchtbar, aber heute zum größten Teile mit Wald bedeckt. Näher an *Ɔibal ch'en* findet man aber überall im Walde Rodungen, auf denen Mais gebaut wird und vorzüglich gedeiht. Der Name *Hochób* ist kein ursprünglicher. Es ist ein Instrumentalname, abgeleitet von dem Zeitworte *hoch*, das »Maiskolben einsammeln« und »(eine Schrift) kopieren« oder »(einen Gegenstand) abbilden«, bedeutet. Teobert Maler glaubt, daß der Name dem Orte gegeben worden sei, weil die benachbarten Maispflanzer in den verlassenen Gemächern bisweilen ihre Ernte von Maiskolben vorläufig untergebracht hätten. Das ist wahrscheinlich richtig. Es ist aber nicht unmöglich, daß eine auf der Innenwand des Hauptgebäudes eingeritzte Reihe von Figuren die Veranlassung gewesen ist, daß man diese Gebäude so benannt hat. Denn *Hochób* kann nicht nur heißen »wo man Maiskolben einsammelt«, sondern auch »wo man etwas abgebildet hat«. Jedenfalls ist eine Tradition über den Ort und seinen Namen nicht mehr vorhanden. Auch die eingeritzten Figuren, von denen ich sprach, sind eine Kritzelei aus späterer Zeit.

Die Bauwerke, von denen nicht mehr als fünf vorhanden gewesen zu scheinen (vgl. den Plan Abb. 11), umgeben einen kleinen annähernd rechtwinkligen Platz von 32 m ostwestlicher und 23 m nordsüdlicher Erstreckung. An der Südseite dieses Platzes zieht sich eine rechtwinklig begrenzte wallartige Erhebung hin, die Teobert Maler als aus Resten eingestürzter Gemächer eines vierten Baues entstanden ansieht. Über diesen Wall erheben sich zwei Tempel gleicher Bauart, die jeder einer, wie es scheint, in vier Absätzen aufsteigenden, etwa 6 m hohen Pyramide aufgesetzt sind, zu deren oberer Plattform auf der Nord- und der Südseite je eine von Wangen eingefaßte, aus etwa zwanzig hohen und steilen Stufen (von 0.28 m Höhe und 0.11 m Tiefe) bestehende, 4.95 m breite Treppe hinaufführt. Der eine dieser beiden Tempel liegt an dem Ostende, der andere in der Mitte des den Platz an der Südseite abgrenzenden Walls. Nur der erstere ist gut erhalten (vgl. Tafel I und II). An dem Westende des Walls, wo man ebenfalls einen Tempel erwarten möchte, fehlt ein solcher.

Das Gebäude, das die Pyramide krönt, nimmt fast den ganzen verfügbaren Raum auf der Plattform ein, nur einen Umgang von 1.20 m Breite lassend. Es besteht aus zwei einer Mittelwand angefügten, ostwestlich orientierten Gewölben (vgl. Abb. 12). In der Mitte der nördlichen sowohl, wie der südlichen Außenwand öffnet sich eine 1.13 m breite, 1.78 m hohe Tür. Die beiden andern, der Giebelseite der Innengewölbe entsprechenden, dem Osten und dem Westen zugekehrten Außenwände der beiden Tempel haben in der Mitte, also an dem Kopfende der Mittelwand, je eine 0.15 m tiefe, 1.12 m breite Nische, die eine Art Scheintür bildet. Die Längswände der Zimmer haben bis zur Gewölbunterkante eine Höhe von 2.18 m. Die

Gewölbe darüber sind niedrig und breit, mit geraden Seiten und durch breite Platten geschlossen. Die Gewölbunterkante ist doppelt rechtwinklig abgesetzt, an den Giebelwänden nicht herumgeführt. Eine Besonderheit der yukatekischen und der chiapanekischen Gewölbearchitektur sind die hölzernen Stangen oder Pfähle, die in bestimmter regelmäßiger Anordnung von einer Seite des Gewölbes zur andern gingen. Diese sind jetzt zumeist heraus-

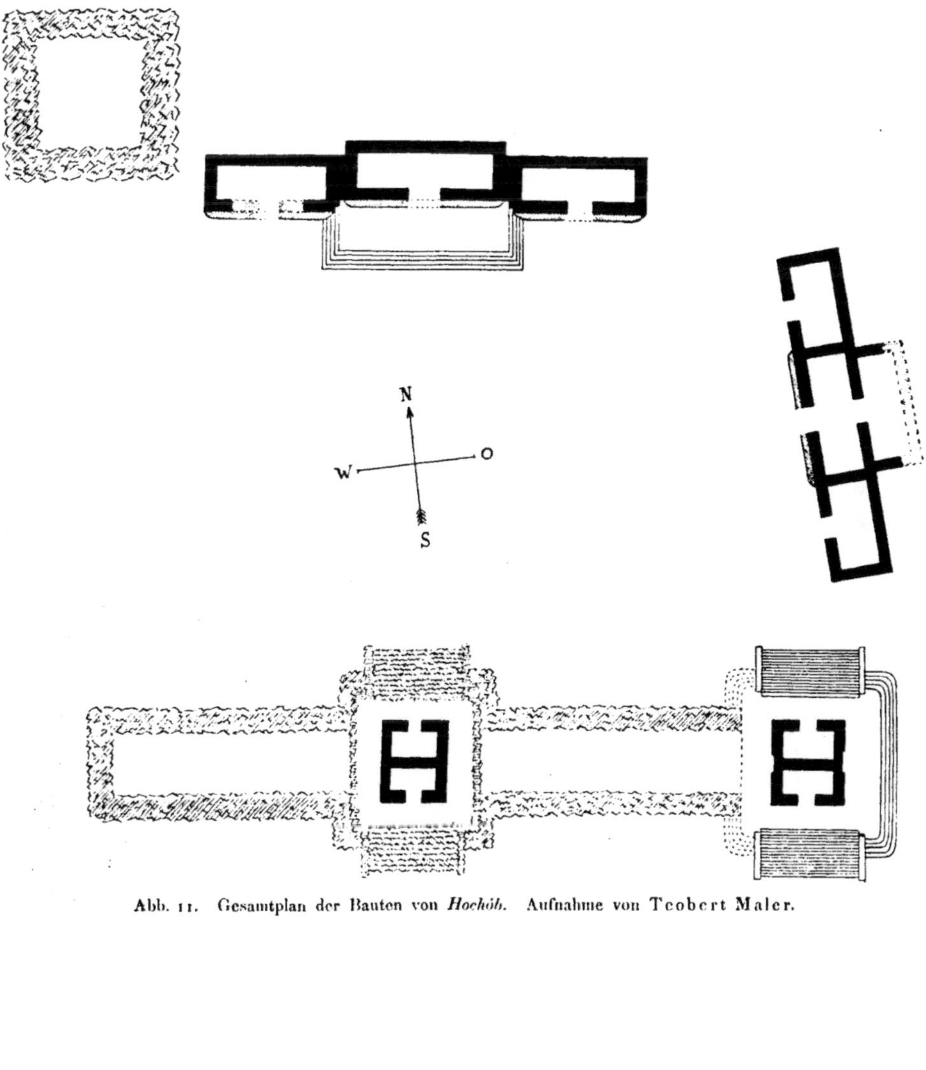

Abb. 11. Gesamtplan der Bauten von *Hochob*. Aufnahme von Teobert Maler.

gefault oder herausgerissen. Aber die Löcher — ich nenne sie kurzweg »Pfahllöcher« — sind noch vorhanden und geben von der Anordnung dieser Pfähle Kunde. In den Gewölbseiten der Zimmer des Pyramidenbaus von *Hochób* sind nur zwei solcher Pfahllöcher zu sehen, und zwar hart unter der Gewölbunterkante (Abb. 13a). Die Türen waren oben durch drei Holzbalken überspannt, von denen sich einer noch an seiner Stelle

Abb. 12. *Hochób.* Senkrechter Durchschnitt des Pyramidenbaues an dem Ostende der Südseite des Tempelhofes. Nach einer Zeichnung Teobert Maler's.

befindet. Große Schnurlöcher für einen Türvorhang sieht man in 0.21 m und 0,63 m Höhe über dem Boden und in 0.21 m und 0.41 m Entfernung von der Tür (Abb. 13b). Die äußere Begrenzung des Schnurlochs und seiner Form ist durch Verputzen mit Mörtel erreicht worden. Das ganze Innere war mit weißem Stucke verkleidet und geglättet. Ein schmaler Streifen rings um die Tür ist mit roter Farbe gemalt.

An der Fassade (Abb. 14) kann man einen Untersatz, eine Wandfläche, einen von zwei Gesimsen begrenzten Fries und eine den Dachabschluß bildende, nach vorn geneigte Plattenreihe unterscheiden. Der Untersatz besteht aus zwei senkrecht vorkragenden Steinreihen und einem aus zwei Steinreihen bestehenden vertieften Bande dazwischen. Die Wandfläche ist glatt. Die Gesimse sowohl unterhalb wie oberhalb des Frieses weisen eine schräg vorkragende untere Steinreihe, eine vertieft liegende senkrechte und eine senkrecht vorkragende obere Steinreihe auf. Bei dem Friesobergesimse

Abb. 13a. *Hochób.* Verteilung der Pfahllöcher an den Gewölbseiten des Tempels am Ostende der Südseite des Tempelhofes.

Abb. 13b. *Hochób.* Loch für die Schnur eines Türvorhangs an der Innenseite der Tür des Tempels am Ostende der Südseite des Tempelhofes.

Abb. 14. *Hochób.* Gliederung der Fassade des Pyramidentempels an dem Ostende der Südseite des Tempelhofes.

folgt darauf noch die Reihe schräg nach vorn geneigter Platten, die den Dachabschluß anzeigt. Der vertieft liegende Fries und die vertieften Teile der Gesimse sind kassettenartig ausgebildet, indem dem Friese an den Kanten ein auf dem oberen Gliede des Friesuntergesimses aufsetzender, pfeilerartiger Vorsprung, und den vertieften Bändern der Gesimse an den Ecken eine die schräge Vorkragung der untern Gesimsglieder fortsetzende ebenfalls schräge Vorkragung angefügt ist. Der Fries ist glatt. Am untern Rande des Frieses aber, sowie am untern Rande des vertieften (mittleren) Bandes des Friesobergesimses, sind eine Reihe breiter steinerner Zapfen eingesetzt — und zwar je einer an jeder Ecke und sechs an der Breitseite —, die vielleicht ehemals Figuren trugen.

Die Höhe der ganzen Fassade bis zu dem Dachabschlusse beträgt nach Teobert Maler 4.80 m. Der Mittelwand des Baues, die die beiden Gemächer trennt, ist noch eine Bekrönungswand von vielleicht 5 m Höhe aufgesetzt, die fensterartige Durchbrechungen hat und dazwischen vorspringende Zapfen, die vielleicht auch Figuren trugen.

Die ganze Fassade wie die Bekrönungswand waren rot gemalt, während die Innengemächer, wie oben schon gesagt, mit weißem Stucke verputzt waren und nur an den Türen eine schmale Umrandung in roter Farbe aufweisen.

Diesen auf steiler Pyramide errichteten tempelartigen(?) Bauten an der Südseite des Platzes stehen nun die Fassadenbauten der andern beiden Seiten gegenüber, die nur über einem niedrigen Untersatze sich erheben, und die Teobert Maler, wahrscheinlich mit Recht, als »Paläste«, d. h. als Wohnräume für Häuptlinge oder Priester oder Versammlungs- und Rathäuser, bezeichnet.

Das Gebäude auf der Ostseite des Platzes (Tafel I, die Trümmer auf der linken Seite des Bildes und Tafel III) ist leider ziemlich zerstört. Es besteht aus drei nordsüdlich orientierten Gewölben, denen sich in der Mitte noch ein hinteres (östliches) Zimmer anschließt. Von diesen Gemächern sind aber nur noch Teile der Umfassungsmauern erhalten. Die die Zimmer oben abschließenden Gewölbe sind eingestürzt. Die Länge dieses Ostpalastes, in der Richtung Nord-Süd, beträgt nach Maler 22.48 m.

In der Ausbildung der Fassade unterscheidet sich der Mittelteil von den beiden Seitenteilen oder Flügeln. Die letzteren zeigen genau den gleichen Aufbau, wie die beiden Pyramidentempel an der Südseite des Hofes (vgl. Abb. 14). Über der verschütteten Basis erhebt sich eine mit glatten Quadern bekleidete Wandfläche. Das Friesuntergesims, das allein noch in größern Stücken erhalten ist, besteht aus einer untern, schräg vorkragenden und einer obern, senkrecht vorkragenden Steinreihe und einer vertieft liegenden Plattenreihe dazwischen. Diese Vertiefung ist als Kassette

Abb. 15. *Hochób.* Ecke des Friesuntergesimses des Gebäudes an der Ostseite des Tempelhofes.

ausgebildet, indem an den Ecken ein pfeilerartiges Steinstück eingesetzt ist, das die schräge Vorkragung der untern Steinreihe nach oben fortsetzt (Abb. 15). In den Fries, der im übrigen glatt ist, sind längs seines untern Randes, genau wie bei dem des Frieses des Tempels an dem Ostende der Südseite, steinerne Zapfen eingesetzt, die vielleicht Figuren trugen.

Dem mittlern Teile, der ursprünglich wahrscheinlich auch denselben oben beschriebenen Fassadenaufbau zeigte, ist eine neue, verzierte, in Stuck gearbeitete Fassade vorgesetzt (Tafel III), die der nachher zu beschreibenden des Mittelgebäudes des Palastes an der Nordseite des Tempelhofes (Tafel VI) entspricht, und die etwa 0.30 m über die ursprüngliche glatte, nur durch vorspringende Gesimse gegliederte Fassade der beiden Flügel vorspringt (vgl. den Plan Abb. 11). Die Verzierung bedeckt, wie bei dem Mittelgebäude des eben genannten, die Nordseite des Tempelhofes einnehmenden Hauptpalastes, Wand- und Friesfläche. Die Idee ist bei beiden Bauten in den Hauptzügen die gleiche. Aber was in der Fassade des Ostpalastes wirklich vorliegt, ist doch erst durch Vergleich mit der Fassade des Mittelgebäudes des Nordpalastes (Tafel VI und Abb. 26) zu verstehen: — Deutlich ist, auch hier in der Fassade des Ostgebäudes, zu beiden Seiten der Türöffnung, ein im Profil gezeichneter, aufgeklappter, von Zähnen starrender Reptilrachen. Das Auge liegt, wie auf der Seite links vom Beschauer noch kenntlich ist, in dem Winkel der Rachenaufbiegung. Ein brauenartiges Gebilde darüber ist in seiner eigentlichen Bedeutung nicht recht klar, entspricht aber in seinem allgemeinen Umrisse dem, was in der Fassade des Mittelgebäudes des Nordpalastes an dieser Stelle zu sehen ist, und das ist (vgl. Abb. 26) der Leib und der im Profil gezeichnete Rachen einer Schlange, der in der Zeichnung dem großen Rachen, dessen Augenbraue diese Schlange darstellt, gleicht. Aus dem innern Winkel des genannten großen Rachens zieht ein Streifen nach oben, der sich winklig einrollt und sogar mit einer andern, wie ein Auge aussehenden Volute besetzt ist. Das ist, wie wir mit Bestimmtheit annehmen können, das aus dem Mundwinkel herausragende, am Ende spiral sich einrollende hauzahnartige Gebilde, das in der Maya-Kunst Schlangen und schlangenartige Ungeheuer, aber auch andere Reptilien und Amphibien, kennzeichnet, und das ich in andern Arbeiten schon wiederholt zu erwähnen Gelegenheit hatte.

Über der Tür ist, quer gelagert, beinahe die ganze Breite des Baues einnehmend, eine große En-face-Maske zu sehen, von der in der Fassade des Mittelgebäudes des Nordpalastes (Tafel VI und Abb. 26) noch die großen kugligen Augen einem entgegenstarren, während die mittelste Partie, der Rüssel und die Mitte des Mundes, infolge des Herausreißens des Balkens, der die Oberschwelle der Tür bildete, herabgestürzt ist. Hier in der Fassade des Mittelbaues des Ostpalastes (Tafel III) ist die Zerstörung noch weiter gegangen. Der mittlere Teil der Fassade ist bis zum Dachrande, und das ganze Gewölbe dazu, heruntergebrochen, und damit sind auch die Augen der großen Maske in den Schutt gekommen. Es bleiben von der ganzen Maske nur die beiden Mundwinkel, mit den aus ihnen seitlich herausragenden, winklig eingerollten hauzahnartigen Gebilden, sowie die großen viereckigen Ohrplatten mit den Ohrmuschelenden darüber, den Anhängern an der Unterseite und den seitlichen Ausstrahlungen.

Den seitlichen Abschluß dieser dem mittleren Teile des Gebäudes der Ostseite vorgesetzten Stuckfassade bilden zwei Maskensäulen, die aus sechs Masken bestehen und, unabhängig von der Gliederung der Fassadenflügel, den ganzen Raum vom Untersatze bis zum Friesobergesimse füllen, eine gerundete Kante bildend. Die Masken sind von der Art der sogenannten Elephantennasenmasken, die in Yucatan so vielfach zur Verzierung der Wände der Tempel und der Paläste verwendet worden sind. Sie sind hier aber einfacher gebaut, die Augen verhältnismäßig klein, die Rüssel kurz und nach unten gebogen — etwa wie die Nasen des Regengottes der Mayahandschriften —, in den Mundwinkeln ist ein spiral sich einrollendes hauzahnartiges Gebilde zu erkennen.

Der Hauptpalast (Tafel IV) nimmt, dem zweiten, zerstörteren der beiden Pyramidentempel gegenüber, die Mitte des Nordrandes des Platzes ein, seine Front nach Süden kehrend (vgl. S. 15, Abb. 11). Er bestand ursprünglich aus drei besonderen Gebäuden, von denen das mittlere, das Hauptgebäude, auf einer erhöhten Terrasse sich erhob, während das rechte und das linke Flügelgebäude um 1.76 m bzw. 1.96 m (an der Unterkante des Friesuntergesimses gemessen) tiefer liegen.

Nachträglich ist dann der Zwischenraum von 1.55 m auf der einen und 1.84 m auf der andern Seite des Mittelgebäudes durch Mauerwerk geschlossen worden. Und dabei ist jedenfalls die aus Stuck gefertigte Fassade angeklebt worden, die man heute sieht, und die die drei Gebäude als ein einheitliches erscheinen läßt. Sie ist in der Tat, wie Teobert Maler mit nicht unberechtigtem Stolze hervorhebt, »unter seinen Entdeckungen das allerreichste und schönste Beispiel von Stuckfassade, das derzeit in Yucatan noch vorhanden ist«.

Das Zimmer des Mittelgebäudes, dessen Hinterwand gegenüber der der Seitengebäude um 1.41 m nach hinten verschoben ist, hat eine Breite von 9.24 m und eine Tiefe von 2.75 m. Die Zimmer der Seitengebäude, deren Vorderwand 1.46 m vor die des Mittelgebäudes sich vorschiebt, sind 7.58 m breit und 2.38 m tief. Die Wandstärke beträgt 0.78 m. An den Außenwänden gemessen, hat der ganze Bau eine ostwestliche Erstreckung von 32.18 m. Die Wandhöhe der Gemächer beträgt im Mittelgebäude 3.06 m, in den Seitengebäuden 2.60 m. Im Mittel- und im linken (östlichen) Seitengebäude befindet sich am östlichen — im rechten (westlichen) Seitengebäude am westlichen Ende — eine Bank von 0.65 m Höhe, die im Mittelgebäude aus Mauerwerk und Stuck, in den Seitengebäuden aus behauenen Steinen, nach Art eines Gesimses, sich aufbaut. Das Gewölbe (vgl. Abb. 16) ist breit, von mittlerer Höhe, durch breite Platten geschlossen. Die Seiten sind aus größeren Steinen, deren Zwischenräume mit kleineren Steinen ausgefüllt sind, aufgemauert und mit Stuck verputzt. Sie scheinen gerade zu sein. Die Gewölbunterkante ist nicht, wie in vielen anderen Bauten, an der Giebelwand herumgeführt.

Abb. 16. *Hochób.* Senkrechter Durchschnitt des Mittelgebäudes des dreiteiligen Baus an der Nordseite des Tempelhofes. Nach einer Zeichnung Teobert Maler's.

Pfahllöcher sind im Mittelgebäude vier unter der Gewölbunterkante, zwei weitere in der Wand darunter vorhanden (Abb. 17). In den Seitengebäuden fehlen die letzteren. — Die Türen hatten hölzerne Oberschwellen, die aber jetzt herausgefault oder herausgerissen sind, zum nicht geringen Schaden der Fassade. Die Tür hat im Mittelgebäude eine Höhe von 2.60 m, in den Seitengebäuden von 2.23 m. Zu den Seiten der Türen sind im

Mittel- und in den Seitengebäuden große, kräftig ausgearbeitete Schnurlöcher für einen Türvorhang (Abb. 18) in 0.35 und 1.85 m Höhe über dem Boden und 0.25—0.33 m Entfernung von dem Pfostenrande angebracht.

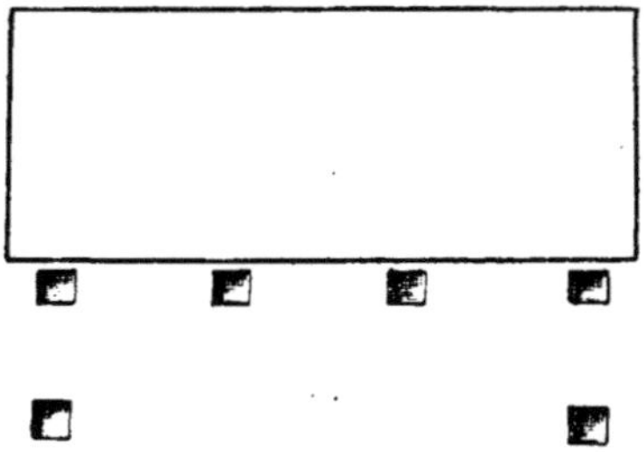

Abb. 17. *Hochób.* Dreiteiliger Bau an der Nordseite des Tempelhofes. Verteilung der Pfahllöcher an der Wand und an den Gewölbflächen des Mittelbaus.

Abb. 18. *Hochób.* Dreiteiliger Bau an der Nordseite des Tempelhofes. Mittelgebäude. Schnurloch für einen Türvorhang.

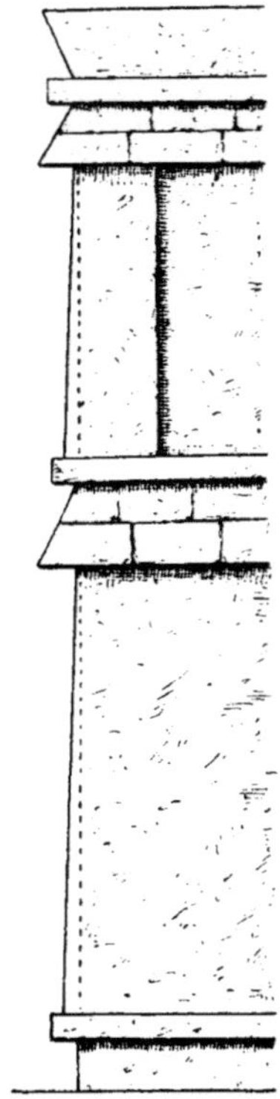

Abb. 19. *Hochób.* Dreiteiliger Bau an der Nordseite des Tempelhofes. Gliederung der Fassaden der Hinterseite und der Seitenflächen.

Der Stuckverputz der Wände hat weiße Farbe. An einem der Schlußsteine des Gewölbes des einen der Seitengemächer sind die Reste einer in roten Linien gezogenen Figur sichtbar.

Teobert Maler legt noch einer 1 m langen Zeichnung besonderes Gewicht bei, die sich in der Wand des Mittelgemachs eingeritzt findet, und in der er acht weibliche, zum Teil maskierte Figürchen erkennt, deren eine die Treppe eines kleinen Tempels hinaufsteigt, während zwei Ungetüme rechts und links die Gruppe abschließen. Was ich davon noch sehen konnte, schien mir eine Kritzelei später Besucher zu sein.

An den Außenfronten (vgl. Abb. 19) bilden senkrechte Steinreihen ähnlich denen der in Abb. 14 wiedergegebenen Tempelfassade den Sockel oder Untersatz. Wandfläche und Fries sind an den Hinter- und Seitenfronten aus regelmäßig zubehauenen Quadersteinen aufgebaut und sanft nach hinten geneigt. Friesunter- und Friesobergesimse bestehen aus zwei schräg vorkragenden und einer senkrechten Steinreihe, wozu dann bei dem Friesobergesimse — an der Hinterseite des Mittelgebäudes noch erhalten und sichtbar — die nach vorn geneigte Reihe größerer Platten kommt, die den Abschluß der Fassade bildet. Der im übrigen einfache unverzierte Fries dieser Fronten wird durch eine pfeilerartige Ausfüllung an den Ecken zur kassettenartigen Vertiefung.

Die dem Süden zugekehrten Hauptfassaden der beiden Seitengebäude (Tafel V) zeigen über dem Sockel gleichfalls nur eine einfache, aus Quadern aufgemauerte Wandfläche, die durch eine Überputzung mit Stuck ihre Vollendung erhalten hat. Aber in der Höhe der Unterkante des Friesuntergesimses der Seitenfronten setzt eine Stuckverzierung auf, die gesimsartig über die Wandfläche vorspringt und an dieser Aussenwand den von Gesimsen eingeschlossenen Fries überdeckt. Sie wird von einer Riesenmaske gebildet, die nahezu die ganze Breite der Fassade einnimmt, und die an den Kanten von je einer aus drei Masken bestehenden Maskensäule eingefaßt ist (Tafel V und Abb. 20).

Wie die Mittelpartie dieser Riesen-en-face-Maske aussah, wissen wir nicht. Das Herausreißen der hölzernen Türoberschwelle, das für so viele der alten Fassaden verhängnisvoll geworden ist, hat auch hier das Herabstürzen des Mauerwerks über der Tür, der Nasengegend der großen Maske und des mittleren Teiles ihres Mundes, zur Folge gehabt. Man sollte erwarten, daß hier ein Rüssel seine Stelle gehabt habe, wie wir solchen von den wandbekleidenden Masken anderer yukatekischer Bauten kennen, der über den Mund hinweg in aufwärts oder abwärts gerichteter Biegung sich verlängerte, so daß von Waldeck und andere ältere Archäologen einen Elephantenrüssel in ihm zu erkennen vermeinten. Ein solcher Rüssel kann aber hier unmöglich gesessen haben, dafür ist die Lücke zwischen den beiden großen

Augen der Maske viel zu breit. In anderen verwandten Bauten, die ich unten zu besprechen haben werde, sieht man an dieser Stelle sockelartig vorspringende Steinreihen oder geradezu eine Figur. Und daran werden wir auch bei dieser Maske denken müssen.

Von dem großen Munde ist nur die obere Hälfte, der obere Lippenrand und die Zahnbewehrung des Oberkiefers, zur Anschauung gebracht. Der Unterkiefer fehlt. Unter der oberen Zahnreihe öffnet sich gleich

Abb. 20. *Hochob.* Dreiteiliger Bau an der Nordseite des Tempelhofes. Östliches Flügelgebäude. Rechte (westliche) Hälfte der großen En-face-Maske, die den Friesteil der Fassade bedeckt.

die Tür, die in das Innengemach führt. Die Mundwinkel sind noch annähernd intakt. Sie lassen einen senkrecht herabhängenden spitzen Zahn und im innersten Winkel ein horizontal herausragendes, an den Enden spiral sich einrollendes hauzahnartiges Gebilde erkennen. Das ist, wie ich oben schon sagte, in der Maya-Symbolik und -Hieroglyphik das Kennzeichen von Reptilien und Amphibien, und es sind diese Gebilde auch in den Schlangen- oder Regengottmasken, die von den Yukateken so vielfach zur Bekleidung der Außenwände und Fassaden verwendet wurden, in mannigfaltigen Gestaltungen zu beobachten.

Die Augen dieser Maske sind groß und sorgfältig ausgeführt. Der Augapfel ist kuglig und hebt sich durch zinnoberrote Bemalung von der weißlich gelben Farbe der andern Fassadenteile ab. Die Pupille ist durch eine Spirale angedeutet. Das ist eine Darstellungsart, die offenbar von der kursiven Zeichnung der Handschriften auf die Reliefarbeiten der Monumentalbauten übertragen worden ist. Über dem Augapfel, der in einer viereckigen Vertiefung ruht, sind in andern ähnlichen Masken auf einem schräg vorkragenden horizontalen Streifen die Wimpern durch parallele senkrechte Striche angedeutet, die eingeritzt oder auch aufgemalt sind und in letzterem Falle leicht sich verwischen oder auch übersehen werden. Eigentliche Augenbrauen fehlen. Der untere Rand der Augen ist durch einen schmalen, hinten in eine Volute endenden Streifen markiert, der längs des hintern Augenwinkels mit spitzovalen, an den Umriß von Augen erinnernden Gebilden besetzt ist. Auch das scheint mir der Zeichnung der Handschriften zu entsprechen und aus ihnen übernommen zu sein, da wir in diesen in der Tat (vgl. Abb. 21—23) bei ältern Göttern, und wo nicht für ein besonderes Determinativ am Auge Platz gelassen werden muß, den untern Augenrand durch einen besondern, hinten in eine Volute endenden, mit kleinen Kreisen (Perlen) besetzten schmalen Streifen gekennzeichnet sehen. Ein wagerechter Streifen über den Wimpern endlich muß den Stirnrand bezeichnen. Von ihm ziehen links und rechts an dem Seitenrande des Gesichtes je drei Zotten herab, die vielleicht Haaren entsprechen sollen.

Abb. 21. *Ah bolon ɔacab*, der Wassergott,
Regent der *been*-Jahre des Ostens.
Dresdener Maya-Handschrift 25 b.

Abb. 22. *Kinch ahau*, der Sonnengott,
Regent der *eɔnab*-Jahre des Nordens.
Dresdener Maya-Handschrift 26 b.

Ganz in der üblichen Art ist die Ohrpartie gearbeitet (Abb. 20): das obere Stück der Ohrmuschel stellt einen nach außen gerichteten Wickel dar;

die Ohrplatten sind groß, viereckig, mit nach innen geneigten Seiten und einem viereckigen Loche in der Mitte, das jedenfalls, wie das die Masken der Iglesia von *Chich'en itzá* zeigen, durch ein Steinstück in Gestalt eines aus der Höhlung des Pflockes heraushängenden, eine Schelle tragenden

Abb. 23. *Chac*, der Regengott der Maya-Stämme, Herr des Westens. Codex Cortes 6 a.

Riemens gefüllt war. Von dem untern Rande des Ohrpflockes hängt ein schwerer Schmuck herab, der fast wie ein in umgekehrter Stellung gezeichnetes Gesicht einfachster Art aussieht. Ein dreiteiliges flammenartiges Gebilde strahlt von dem äußern Rande des Ohrpflockes aus.

Der Hängeschmuck ist ziemlich kompakt und weicht in seiner Form sowohl von den Gebilden, die man an den Eckmasken dieses Gebäudes sieht (vgl. unten Abb. 25), und von den reicheren Formen von *Uxmal*, *Kabah* usw., wie von den einfacheren quastenartigen Gehängen der *Chich'en-Itzá*-Masken ab.

Die seitlichen Ausstrahlungen gehn auf die Grundform zurück, die in den Masken vorliegt, die die Wände der Casa de las Monjas in *Chich'en Itzá* bekleiden (Abb. 24), d. h. es ist ein mittlerer Strahl da, der geradegerichtet ist, und über und unter ihm je ein äußerer Strahl, der sich nach oben und unten schneckenförmig einrollt. Nur ist hier bei der großen Maske des Seitengebäudes des Hauptpalastes von *Hochób* (Abb. 20) der mittlere, geradegerichtete Strahl in Form eines phantastischen Schlangenrachens ausgebildet. Das distale Ende läßt ein Auge über der Rachenlinie erkennen, davor ein Nasloch und den untern Rand des Rachens selbst,

Abb. 24. *Chich'en Itzá.* Casa de las Monjas, Ostflügel. Südliches der beiden vorgeschobenen Gebäude. Eine der Masken des Frieses.

der mit Zähnen abenteuerlicher Form besetzt ist. Nach oben und nach unten schließen sich noch weitere Ausstrahlungen an, die wir am richtigsten wohl als die zerfaserten Enden des Ober- und Unterkiefers der Schlange deuten werden. Die obere dieser Ausstrahlungen ist an ihrem untern Ende, gerade über dem Auge und dem Nasloche der Schlange mit einer Schleifenkrause umbunden.

Oberhalb des Stirnrandes zieht sich, nahezu in der ganzen Breite der großen Maske, ein schmales vertieftes Band, das mit Stuck glatt verputzt ist und vielleicht Malereien (Zeichen oder Hieroglyphen) trug. Oberhalb dieses Bandes folgt dann ein schmaler erhöhter Streifen, der wohl dem Blumen- oder Schmuckscheibenbande entspricht, das auf andern Monumenten den obern Abschluß der großen Schlangen- oder Regengottmasken bildet (vgl. Abb. 24). Dieser erhöhte Streifen zeigt aber hier bei den großen den Fries bedeckenden Masken der Fassaden von *Hochób* (Abb. 20 und 26) zwei miteinander verschlungene Schlangenleiber, deren Köpfe und geöffnete Rachen rechts und links das Ende dieses Streifens bilden. — Solche ineinander gedrehte Schlangenleiber mit den rechts und links herausragenden Köpfen kommen in der Verzierung der yukatekischen Bauten vielfach vor. Ich erinnere an die Schlangen auf der Hauptfassade des Westgebäudes der Casa de las Monjas von *Uxmal* und an die zahlreichen ähnlichen Vorkommnisse von *Chich'en Itzá*. Diese Schlangen sind den großen zweiköpfigen Schlangen zu vergleichen, von denen wir ausgezeichnete Exemplare auf der Cedrela-Holzplatte von *Tikal* und in einem der Häuser von *Palenque* vor uns haben. Die letzteren sind, das unterliegt keinem Zweifel, als Abbild oder Verkörperung des Himmelsgewölbes zu betrachten[1]. So könnten diese ineinander gedrehten Schlangen von *Hochób* dieselbe Bedeutung haben wie der Sternhimmelfries an den Tempeln der mexikanischen Region (s. oben S. 7, Abb. 5 und 6), d. h. sie könnten gedacht sein, den obern Rand der Maske zu kennzeichnen, wie Abbilder der Erde am untern Rande oder gar auf der Unterseite der Monumente von den Mexikanern angebracht zu werden pflegten, den untern Rand oder die Unterseite zu kennzeichnen.

Abb. 25. *Hochób.* Dreiteiliger Bau an der Nordseite des Tempelhofes. Eine der Masken der Säule an der Ecke der Fassade des linken (östlichen) Flügelgebäudes.

Den seitlichen Abschluß der Friesverzierung der Flügelgebäude des Hauptpalastes von *Hochób* bilden, wie ich oben schon sagte, Säulen von je drei Masken, die die Kanten der ein wenig über die Fassade des Mittelgebäudes vorspringenden Flügelgebäude abrunden (Abb. 25). Die Augen dieser Masken sind verhältnismäßig klein. Augenbrauen, Wimpern und unterer Augenrand sind vorhanden. Aus dem Mundwinkel hängt, wie üblich, das schneckenförmig sich einrollende hauzahnartige Gebilde heraus. Der große Rüssel ist nach unten gebogen.

Über dem oben beschriebenen Schlangenbande, das den oberen Abschluß der Riesenmaske bildet, folgt dann noch in der ganzen Breite des Gebäudes eine Reihe von Voluten (vgl. Abb. 20), die wie Augenbrauen aussehen und augapfelartige Gebilde einschließen. Diese Kombination von Schlangen

[1] Vgl. meinen Aufsatz: »Beobachtungen und Studien in den Ruinen von Palenque«. Abhandl d. Berl. Akad. d. Wiss. Jahrgang 1915.

und augenartigen Gebilden erinnert an die Himmelschlangen (*xiuhcouatl*) der mexikanischen Bilderschriften, die den Leib oder das aufgebogene Schnauzenende mit Augen besetzt haben. Die Augen in diesen Bildern bedeuten Sterne. Das gleiche werden wir wohl für die augenartigen Gebilde über den Schlangenleibern am oberen Rande unserer Masken annehmen müssen.

In dem Mittelgebäude (vgl. Abb. 26) trägt diese Volutenreihe die Scheinwand (Bekrönungswand), die der Vorderwand dieses Gebäudes aufgesetzt ist (vgl. den Aufriß Abb. 16). Ob die Seitengebäude eine solche Scheinwand hatten, ist mir zweifelhaft. Dagegen spricht, daß bei diesen Seitengebäuden an der Vorderfläche der Volutenreihe an drei Stellen je eine große Verzierung in Gestalt einer aus fünf Werkstücken sich zusammensetzenden geöffneten Blüte aufgesetzt ist (vgl. Abb. 20), bei diesen Seitengebäuden also ein Abschluß anderer Art hergestellt ist.

Die Fassade des Mittelgebäudes des Palastes an der Nordseite des Platzes von *Hochób* (Tafel VI und Abb. 26) unterscheidet sich von denen der Seitengebäude dadurch, daß nicht nur dem Friesteile, sondern auch der Wandfläche darunter eine Stuckfassade vorgeklebt ist, und zwar genau der gleichen Art, wie ich sie schon an dem stärker zerstörten Fassadenbaue an der Ostseite des Platzes von *Hochob* beschrieben habe.

Wir haben daher (vgl. Abb. 26) auf dem dem Friese entsprechenden Teile der Vorderseite des Gebäudes eine Riesenmaske, unter deren Mundöffnung die Tür des Gebäudes sich öffnete. In dem ganzen Charakter ist diese Maske durchaus gleich der des Frieses der Seitengebäude und auch der des Fassadenbaues an der Ostseite des Platzes. In Einzelheiten liegen Abweichungen vor. So ist die Volute, die das obere Stück der Ohrmuschel darstellt, auf den drei freien Seiten von Gebilden umgeben, die diese Volute selbst wie einen Augapfel in einer Augenhöhle erscheinen lassen. Die Gehänge an der Unterkante des viereckigen Ohrpflocks haben nicht die schwere kompakte Form wie in der Abbildung 20, sondern gleichen Formen, die ich von den Maskensäulen des Nordgebäudes der Casa de las Monjas von *Uxmal* kenne. Die größte Abweichung zeigt der phantastische Schlangenrachen, der das Mittelstück der von dem Ohrpflocke seitlich ausstrahlenden Gebilde darstellt. Diesem fehlt hier die geschlossene Rachenumrandung mit dem Auge darüber und den nach unten hängenden Zähnen, wie sie das Bild der Fassade des Seitengebäudes (Abb. 20) erkennen ließ.

Es sind von dem ganzen Gebilde nur die zerfaserten Enden des Ober- und des Unterkiefers übriggeblieben.

Der Wandteil der Fassade des Mittelgebäudes hat dieselbe eigentümliche Verzierung anscheinend zweier gegen die Tür sich öffnender, im

Abb. 26. *Hochób.* Dreiteiliger Bau an der Nordseite des Tempelhofes. Mittelgebäude, rechte (westliche) Hälfte der Südfassade. (Die Pfeilerdachverzierung, die hier links vom Beschauer noch folgen sollte, ist in der Zeichnung fortgelassen.)

Profil gezeichneter Schlangenrachen wie die Wandfläche der Vorderseite des Palastes an der Ostseite des Tempelhofes. Nur ist diese Verzierung hier reicher, besser erhalten und zum Teile auch in besonderer Weise ausgeführt. Das in dem Winkel des aufklappenden Profilrachens angebrachte

Gebilde ist hier durch seine kuglige Runde deutlich als Augapfel gekennzeichnet, in dem, wie in den Augäpfeln der großen En-face-Maske des Friesteils der Fassade, ein spiraler Einschnitt die Pupille bezeichnet. Als Braue, sozusagen, dient aber über diesem Auge hier der Leib und der im Profil gezeichnete aufgeklappte zähnestarrende Rachen einer Schlange, der — wie der große, der Türe zugekehrte Profilrachen — in dem Winkel der Aufklappung ein Auge trägt, und der auch, aus dem Mundwinkel herausragend, zwei sich einrollende Streifen zeigt, denen gleich, die ich oben als Hauzähne oder hauzahnartige Gebilde bezeichnet habe, die in der Maya-Kunst Schlangen und schlangenartige Ungeheuer oder andere Reptilien kennzeichnen. In der Fassade des Palastes an der Ostseite des Tempelhofes von *Hochób* (Tafel III) sieht man an dieser Stelle, als Braue über dem Auge im Winkel der Rachenaufklappung, ein schwer zu erkennendes und schwer zu deutendes Gebilde. Wenn aber hier in der Fassade des Nordpalastes (Tafel VI und Abb. 26) als Schwanzende des Schlangenleibes, der die Braue des Auges im Winkel der Aufklappung des großen, der Tür zugekehrten Profilrachens bildet, zwei schräg nach vorn ragende Stäbe gezeichnet sind, die in ihrer Zeichnung die mexikanische Hieroglyphe *chalchiuitl* »Edelstein« wiedergeben, so entspricht dem genau ein Gebilde, das in der Fassade des Ostpalastes (Tafel III) an dem Ende der Braue des Auges im Winkel der Rachenaufklappung nach vorn ragt.

Die aus den Mundwinkeln dieser großen Profilrachen herausragenden Gebilde, die ich früher und eben noch als Hauzähne oder hauzahnartige Gebilde bezeichnet habe, weil sie in der Tat in vielen Fällen, trotz der Biegung und Einrollung, ein solches Ansehen haben und sicher vielfach von den Zeichnern und Bildhauern als solche verstanden worden sind, sind hier (Tafel VI und Abb. 26), wie in der Fassade des Ostpalastes (Tafel III), mit einer besonderen, wie ein Auge aussehenden Volute besetzt und an der ganzen Außenseite gefranst. Hier wird es einem schwer, noch von hauzahnartigen Gebilden zu sprechen. Und doch werden wir kaum etwas anderes an die Stelle setzen können. In gewissen Fällen haben diese Gebilde das Aussehen einer seitlich aus dem Munde heraushängenden gespaltenen Schlangenzunge. Das scheint aber hier für den Profilrachen auf der Wandfläche der Fassade Abb. 26 ebenfalls ausgeschlossen zu sein.

An dem Seitengebäude des Nordpalastes (Tafel V), wie an der Fassade des Palastes an der Ostseite des Platzes von *Hochób* (Tafel III), ist die in Stuck ausgeführte Riesenmaske, die den Friesteil der Fassade ausmacht, und die ganze einheitliche, Wandfläche und Fries bedeckende Fassade, an den Seiten von zwei Eckmaskensäulen eingefaßt, die die Seitenkanten der Fassade abrunden. Bei der Fassade des Mittelgebäudes des Hauptpalastes an der Nordseite des Platzes war eine solche Einfassung ausgeschlossen. Das Mittelgebäude tritt gegen das Flügelgebäude etwas zurück. Da nun der Zwischenraum zwischen dem ursprünglich selbständigen Mittelgebäude und den Flügelgebäuden durch Mauerwerk gefüllt ist, gibt es keine Gebäudekante, die mit Eckmasken hätte bekleidet werden können. Der Modelleur der Fassade half sich, indem er die Maskensäulen auf die Fassadenwand und in die Ebene verlegte. Und er bekundete ein feines künstlerisches Verständnis darin, daß er diese nun flach gelegten Masken nicht in der üblichen, tief ausgearbeiteten Art ausführte, in der offenbar in Steinmetzarbeit ein ursprüngliches Holzschnitzwerk sich erhalten hat, sondern daß er die ganze Maskensäule in Flachrelief zur Anschauung brachte (vgl. Abb. 26 an der Seite links vom Beschauer). Dabei hat er sie doch als Eckmasken gekennzeichnet, dadurch, daß er sie im Profil zeichnete. Von solchen Masken sind in der Säule sieben oder acht vorhanden, von denen drei oder vier auf die Wandfläche, vier auf den Friesteil entfallen. Die Zeichnung ist höchst originell. Der Augapfel ist klein, die untere Augenumrandung groß und in die Wange und das Kinn sich fortsetzend. Vor dem Auge ist ein Nasloch vorhanden, vor dem sich zwei Edelsteinstäbe oder Edelsteinriemen erheben, das bekannte Kennzeichen der Schlangen- oder Reptilgesichter. Der Rüssel ist doppelt gekrümmt, der Ober- und Unterkiefer in einen Winkel gebogen, der viereckige Ohrpflock und die andern Ohrteile von der gewöhnlichen Form. Der obere Abschluß der Masken ist durch einen Schleifenbund oder durch eine Kette von Metallscheiben markiert. Seitliche Ausstrahlungen des Ohrpflocks sind nur an der einen Stelle vorhanden, wo die Reliefe der Wandfläche dazu Platz ließen (Abb. 26, die dritte Maske von unten).

Die Gebilde, die über der Riesen-en-face-Maske, die den Friesteil der Fassade bildet, noch folgen, habe ich oben (S. 27—29) bei der Beschreibung der Fassade des Seitengebäudes schon genannt. Sie sind in der Zeichnung Abb. 26 mit angegeben. Hier bei dem Mittelgebäude ist es aber deutlich, daß der Vorderwand eine von Fenstern durchbrochene Scheinwand (Bekrönungswand) aufgesetzt war. Während der Stuck der andern Fassadenteile (mit Ausnahme der Augen der großen Maske) weißliche oder gelbliche

Bemalung zeigt, sind auf der Bekrönungswand deutliche Spuren roter Farbe sichtbar.

Wie aus dem Obigen zu ersehen ist, sind die Elemente, die in den vorgelegten Stuckfassaden des Mittel- und der Flügelgebäude des Nordpalastes, sowie in denen des Mittelgemachs des stärker zerstörten Ostpalastes zu erkennen sind, durchaus die gleichen. Und ich kann hinzufügen, daß auch die Maße der verschiedenen Elemente, die zur Verwendung kommen, nicht wesentlich voneinander abweichen. Dagegen sind die Maße der Gebäude selbst verschieden. Das Gemach des Mittelgebäudes mißt 9.29 m in der Breite, die der Seitengebäude 6.63 m und 7.86 m. Daraus folgte, daß — nachdem dem Mittelgebäude eine der Fassade der Flügelgebäude auch in den Maßen entsprechende Fassade vorgelegt war — an jeder der Seiten des Mittelgebäudes noch ein Streifen übrigblieb, der der Verzierung entbehrte. Diese Lücke hat man nun durch eine in ihrer Art einzige Darstellung gefüllt — zwei senkrechte Pfosten, die ein Dach tragen, über dem eine Büste thront (Tafel VI und Textabb. 27). Die Pfosten stehen nahe aneinander. Sie sind in der Mitte mit einer Schleifenkrause umbunden. Der Raum zwischen den beiden Pfosten ist durch ein Gitterwerk gefüllt, das oben durch ein schmales Mattenband gegen den Dachrand sich abgrenzt. Das Dach besteht aus fünf Reihen dachziegelförmig sich deckender Blatt- oder Graspackungen, unter denen, wie es scheint, eine Reihe Federn herabhängt. Die Büste, die auf dem Firste thront, hat ein ernstes, strenges, menschliches Gesicht. Auf der Brust liegt eine Schmuckscheibe. Von den runden Ohrpflöcken und von zwei über der Stirn angebrachten Scheiben strahlen flammenartige Gebilde nach den Seiten. Die Hände sind vorgestreckt. Das von Pfosten getragene Dach erinnert an die Dächer, unter denen auf den Blättern 25—28 der Dresdener Handschrift die Regenten der Jahre sitzen (S. 25 Abb. 21, 22). Und mehr noch an die von Pfosten getragenen Dächer, die in den Malereien der Cella des Tempels der Jaguare und der Schilde von *Chich'en Itzá* abgebildet sind (Abb. 28), die durch den Opferstein, der am Boden vor ihnen zu sehen ist, als Tempeldächer gekennzeichnet werden. Für die Büste auf dem Dache weiß ich keine Parallele beizubringen.

Dicht hinter dem rechten Flügelgebäude des Nordpalastes erwähnt Teobert Maler noch die Reste eines fünften Baues, den ich selber nicht Zeit hatte zu untersuchen. Nach Maler, der 1887 diese Stätte besuchte, wären am obern Teile der Trümmerpyramide noch reichgezierte Mauer-

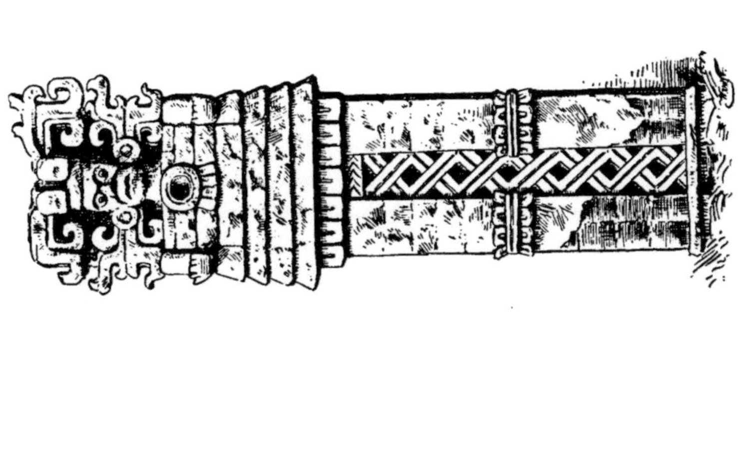

Abb. 27. *Hochób.* Dreiteiliger Bau an der Nordseite des Tempelhofes, Mittelgebäude. Pfeilerdachverzierung an der Seite der Fassade.

Abb. 28. *Chich'en Itzá.* Wandmalerei in der Cella des Tempels der Jaguare und der Schilde. Der von der Federschlange begleitete Häuptling vor einem Tempeldache. — (An einer andern Stelle der Malerei trägt ein Stangengerüst gleich diesem eine Sonnenscheibe mit dem Bilde des Sonnengottes.)

anfänge sichtbar gewesen. Es war ihm aber nicht möglich gewesen, klarzustellen, ob diese einem wirklichen, jetzt eingestürzten Oberbau entsprachen oder aber zu den oberen Abstufungen des massiven Baus gehörten. Jedenfalls wiesen diese Reste auf einen von den beschriebenen Gebäuden gänzlich verschiedenen Bau hin.

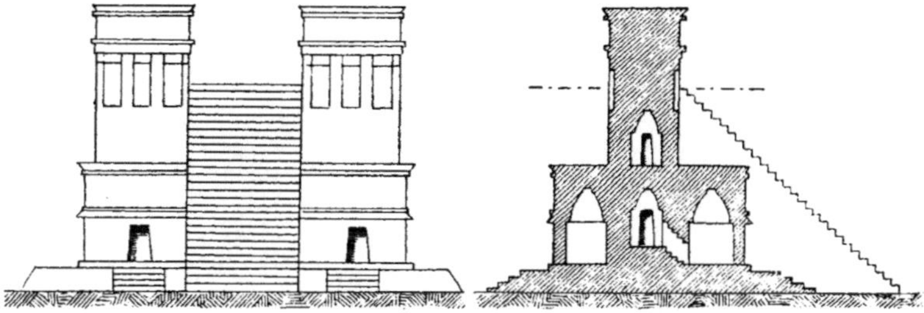

Abb. 29. Tempelpyramide von *Huntichmul II* im Territorium *Xkanhá*.
Nach einer Zeichnung Teobert Maler's.

Abb. 30. Tempelpyramide von *Sahbecan* im Territorium *Xkanhá*.
Nach einer Zeichnung Teobert Maler's.

Die oben geschilderten Gebäudegruppen, die beiden Pyramidentempel, wie die beiden Paläste, gehören — trotz des verschiedenen Zwecks, dem sie offenbar gedient haben — zusammen, sind desselben oder verwandten Ursprungs. Das spricht sich am deutlichsten in der Gleichartigkeit des Aufbaus der nicht mit einer Stuckfassade überdeckten Außenwände aus. Die Stuckfassaden selbst gehören einer späteren Zeit an. Sie sind den alten Bauten vorgeklebt worden, jedenfalls in der großen, wenige Jahrhunderte umfassenden Zeit[1],

[1] Vgl. darüber meine »Gesammelten Abhandlungen« Band I (Berlin 1902), S. 785 u. 836.

in der die Hauptmasse der großen Steinbauten in Yucatan und den andern Maya-Ländern entstand — einer Zeit vermutlich hoher kommerzieller Blüte, in der mit dem zunehmenden Reichtum auch die Pflege der Kunst und der Wissenschaft einen hohen Aufschwung nahm.

Hochób scheint auch in alter indianischer Zeit ein vorgeschobener Posten gewesen zu sein. Steinbauten ähnlichen Charakters sind nur weiter ins Land hinein, nordwestlich und nordöstlich von *Ɔibal ch'en*, angetroffen worden. Südlich und östlich, im unabhängigen Territorium *Xkanhá*, beginnen schon die eigentümlichen Pyramiden mit der von zwei hohen Türmen flankierten Treppe, die Teobert Maler aus verschiedenen Plätzen von *Xkanhá* (Abb. 29, 30) und der Graf Périgny aus dem noch weiter südlich gelegenen Territorium *Icaiché* beschrieben hat.

Bauten von *Hochób*-Charakter sind nordwestlich von *Ɔibal ch'en* die Gruppe von *Tabasqueño*, nordöstlich von *Ɔibal ch'en* die Hauptbauten in der Stadt Iturbide, die — wegen einer Zeichnung, auf die ich unten noch zurückkommen werde — *Ɔibil nocac*, »das bemalte Gewölbe«, genannt werden. Ferner *Noh cacab*, südöstlich von *Hoppel ch'en*, und eines der Gebäude auf dem Gebiete der zerstörten Hacienda de Santa Rosa, südöstlich von *Bolon ch'en*.

Endlich, weit nach Norden vorgeschoben, der Haupttempel von *Huntichmul I*, einer ansehnlichen Ruinengruppe bei der Hacienda Santa Rita, südlich von *Labná*.

II. El Tabasqueño.

Der Rancho *El Tabasqueño*, »des (Mannes) aus Tabasco«, liegt an der rechten Seite der Straße von *Hoppel ch'en* nach *Ɔibal ch'en*, näher an *Ɔibal ch'en*, nur $2^1/_2$ Leguas in nordwestlicher Richtung von diesem Orte entfernt. Das Gelände ist ziemlich bewegt, langgestreckte Hügel, die einem ferne Gebirgszüge vortäuschen. Die Höhen in weiter Ausdehnung mit Maisfeldern bedeckt, die flachen Täler dazwischen mit Wald und Dickicht erfüllt. Die eine dieser Höhen wird von einer großen rechtwinkligen Erdauffüllung gekrönt, an die sich an der Außenseite Gemächerreihen lehnen, deren Gewölbedachung mit der Aufschüttungsebne zusammenfällt. Dem Südrande dieser großen künstlichen Aufschüttung ist eine Palastanlage aufgesetzt, die in zwei Stockwerken aufsteigt und deren Fassade nach Norden gerichtet ist. Teobert Maler hat im Mai 1887 diese Bauten untersucht, einen Plan aufgenommen und Photographien der Hauptfassaden angefertigt, die er an der oben angezogenen Stelle im »Globus« veröffentlicht hat.

Das Erdgeschoß dieses Baus (vgl. Tafel VII und Abb. 31 u. 33) hat als Ganzes in seiner ostwestlichen Erstreckung eine Länge von 35 m. Es besteht aus einem massiven Kerne, der das Gebäude des obern Stockwerks trägt,

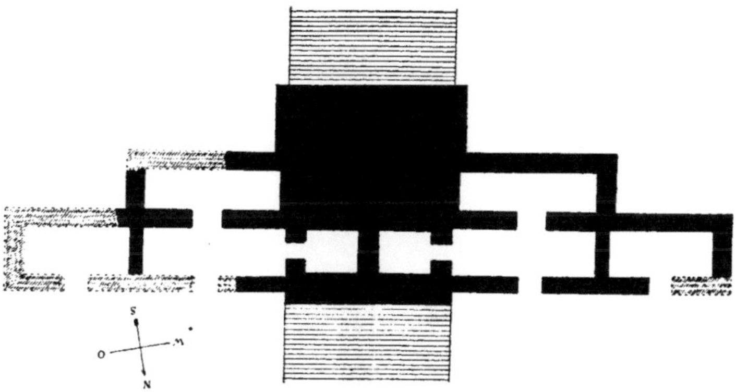

Abb. 31. *El Tabasqueño.* Grundriß des Erdgeschosses des Baus auf dem Südrande der großen künstlichen Aufschüttung. Nach einer Zeichnung Teobert Maler's.

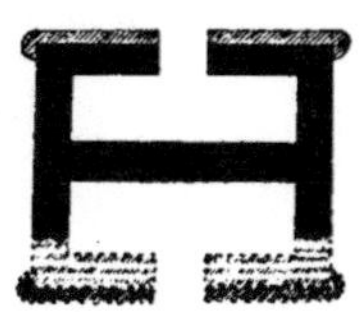

Abb. 32. *El Tabasqueño.* Grundriß des oberen Stockwerks des Baus auf dem Südrande der großen künstlichen Aufschüttung. Nach einer Zeichnung Teobert Maler's.

und jederseits drei Zimmern, die ihre Schmalseiten dem massiven Kerne zukehren. Zwei sind Vorderzimmer und haben in der Mitte der Vorderseite (Nordseite) ihre Tür. Das dritte ist ein Hinterzimmer, das von dem an den massiven Kern anstoßenden Vorderzimmer aus betretbar ist. Der Fußboden dieses Zimmers ist, wie der der Hinterzimmer im allgemeinen, gegen den Fußboden des Vorderzimmers etwas erhöht (um 0.28 m). Von demselben Vorderzimmer aus führt eine Tür in ein viertes Zimmer, ein kleines lichtloses Verlies, das im Innern des massiven Kernes ausgespart ist. So ist, wie gesagt, die Verteilung der Zimmer an jeder Seite des massiven Kerns, der das Gebäude des obern Stockwerks trägt. Von den Vorderzimmern hat das eine eine Breite von 7 m, das andere von 5.15 m. Die Tiefe beträgt 2.50 m. Das lichtlose Kämmerchen im Innern des massiven Kerns hat eine Breite von nur 2.60 m. Die Tiefe ist aber nur wenig geringer als die der andern Zimmer.

Die Gewölbe sind breit und niedrig, mit geraden Seiten, durch breite Deckplatten geschlossen. Die Gewölbunterkante ist nicht an den Giebelwänden herumgeführt. Die den Hinterwänden (bzw. Mittelwänden) auf-

Abb. 33. *El Tabasqueño.* Senkrechter Durchschnitt des Baus auf dem Südrande der großen künstlichen Aufschüttung. Nach einer Zeichnung Teobert Maler's.

sitzende Gewölbseite (s. Abb. 33 und 34) ist kürzer als die an der Vorderwand und hat keine Unterkante. Während der senkrechte Wandteil an der Vorderwand 2.03 m hoch ist, hat er an der Hinterwand (Mittelwand) eine Höhe von 2.28 m. Pfahllöcher sind an den ganz ausgebildeten Gewölbseiten der Vorderwand zwei an der Gewölbunterkante zu sehen. Gegenüber an der Hinterwand (Mittelwand) kommen diese Löcher in den senkrechten Wandteil, 0.40 m unter dem Gewölbansatz, zu stehn (vgl. Abb. 34 u. 35).

Die Wände der Zimmer sind mit Stuck verputzt, der im allgemeinen weiße Farbe hat. Ein Zimmer jedoch fand Maler prächtig rot gemalt, mit breiten blauen Bändern unten und oben an den Gewölbflächen.

Die Außenfronten zeigen die gewöhnliche Gliederung in Untersatz oder Sockel, Wandfläche und einen unten und oben von Gesimsen begrenzten Fries (Abb. 36). Der Untersatz ist zur Zeit verschüttet. Er wird wohl dem des Gebäudes des Oberstockes gleichen, der aus zwei senkrecht vorkragenden Steinreihen besteht und einem vertieften Bande dazwischen, in dem glatte Partien mit Gruppen von Halbsäulchen wechseln. Die Wandfläche ist glatt.

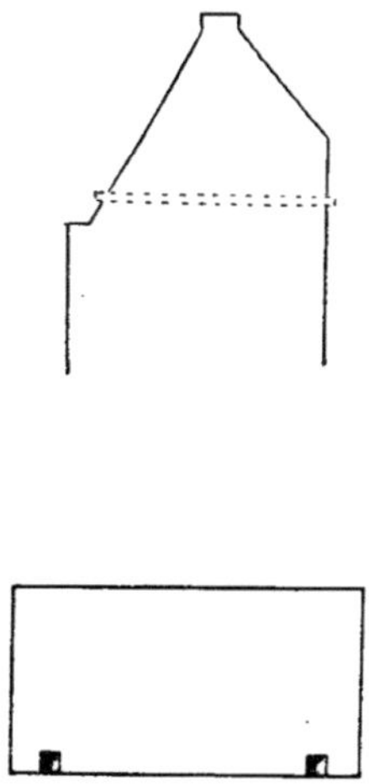

Abb. 34—35. *El Tabasqueño.* Lage der Pfahllöcher in den ebenerdigen Gemächern.

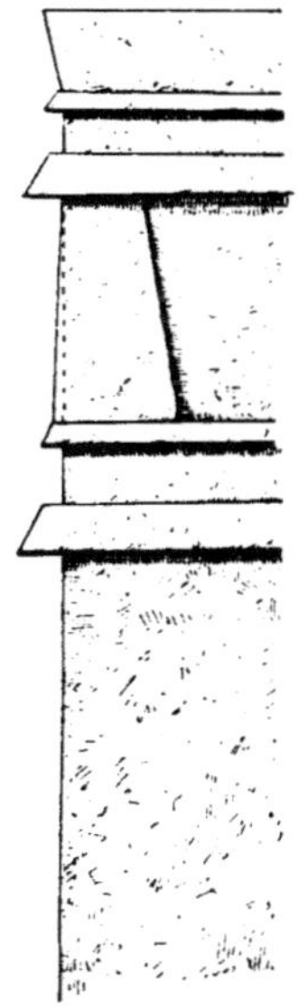

Abb. 36. *El Tabasqueño.* Gebäude auf dem Südrande der großen künstlichen Aufschüttung. Gliederung der Außenfront der ebenerdigen Gemächer.

Die Gesimse springen an der Vorderfront stärker vor (0.27 m) als an der Hinterfront (0.17 m). Sie bestehn aus drei Gliedern: zwei schräg vorkragenden Steinreihen und einem vertieften Bande dazwischen. Der Fries ist ebenfalls glatt. Durch pfeilerartige Ausfüllungen an den Ecken, die die Steigung des schräg vorkragenden obern Gliedes des Friesuntergesimses fortsetzen, erhält er das Ansehen einer kassettenartigen Vertiefung. Längs dem untern und obern Rande des Frieses ragen breite Steinplatten einzeln heraus, die vielleicht Figuren getragen haben.

Wandfläche, Fries und Gesimse waren mit Stuck überzogen und in verschiedenen Farben (gelb, rot und blau) bemalt. Auf der Vorderfront waren auch in Stuck modellierte Verzierungen angebracht: — auf der Friesfläche stehende Kriegerfiguren, und liegende Kriegerfiguren auf dem vertieften Bande, das das mittlere Glied des Friesuntergesimses bildet. Maler hat seinem Plane eine Zeichnung dieser liegenden Kriegerfiguren beigegeben, die ich hier in Abb. 37 wiedergebe, ohne eine Verantwortung für die Richtigkeit der Zeichnung in allen Einzelheiten zu übernehmen. Zur Zeit, als ich diese Ruinen besuchte, waren diese Stuckgebilde so zerstört, daß es mir nicht möglich war, eine Zeichnung davon zu machen.

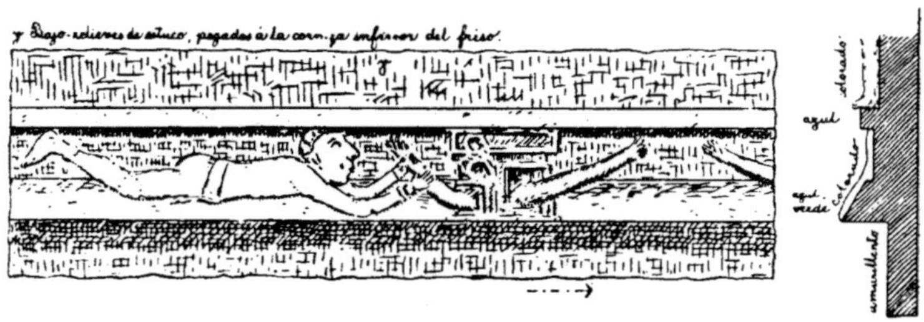

Abb. 37. *El Tabasqueño.* Bau auf dem Südrande der großen künstlichen Aufschüttung. Stuckrelief in dem mittleren Gliede des Fries-Untergesimses der ebenerdigen Gemächer. Zeichnung Teobert Maler's.

Die Plattform, die das Gebäude des ersten Stockwerks trägt, ist von der Nord- und der Südseite durch eine breite Treppe erreichbar (Abb. 31, 33). Das Gebäude selbst (vgl. Abb. 32) hat den gleichen Grundriß wie die beiden Tempel an der Südseite des Platzes von *Hochób.* Aber dem Tempel von *Tabasqueño* ist an der Vorderfront (Nordfront) eine Stuckfassade angeklebt worden, die in *Hochób* nicht an den auf einem pyramidenartigen Unterbaue errichteten Tempeln, sondern an den palastartigen ebenerdigen Gebäuden angebracht ist. Von den beiden Gemächern, die das Tempelgebäude von *Tabasqueño* enthält, steht das hintere nur noch zur Hälfte aufrecht. Die dem Süden zugekehrte Außenwand und damit die ganze äußere Hälfte des Gewölbes ist abgestürzt. Die Zimmer haben eine Breite von 6 m und eine Tiefe von 1.85 m. Die Wandhöhe beträgt 2.72 m. Das Gewölbe ist hoch, durch breite Platten geschlossen (Abb. 33), die Gewölbunterkante auf den Giebelwänden nicht herumgeführt. Pfahllöcher sind zwei am unteren

Rande des Gewölbes vorhanden. Zwei weitere Paare auf der senkrechten Wand 0.44 m unterhalb der Gewölbunterkante (Abb. 38). Die Türen haben eine Breite von 1.29 m und eine Höhe von 2.33 m. Als Oberschwellen dienten hölzerne Balken, die zum Teil noch an ihrer Stelle sind.

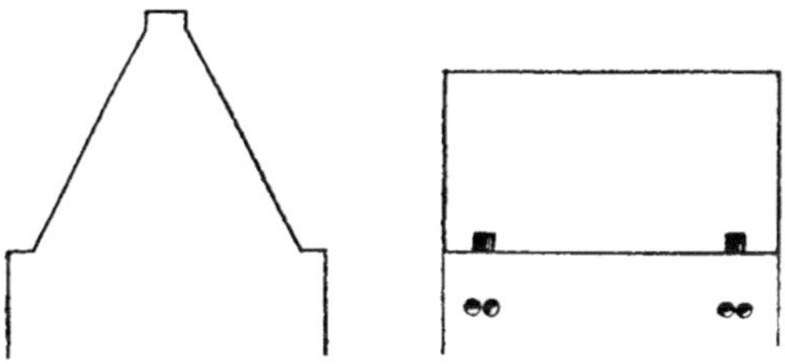

Abb. 38. *El Tabasqueño.* Gebäude auf dem Südrande der großen künstlichen Aufschüttung. Verteilung der Pfahllöcher auf den Wänden des Gewölbes des oberen Stockwerks.

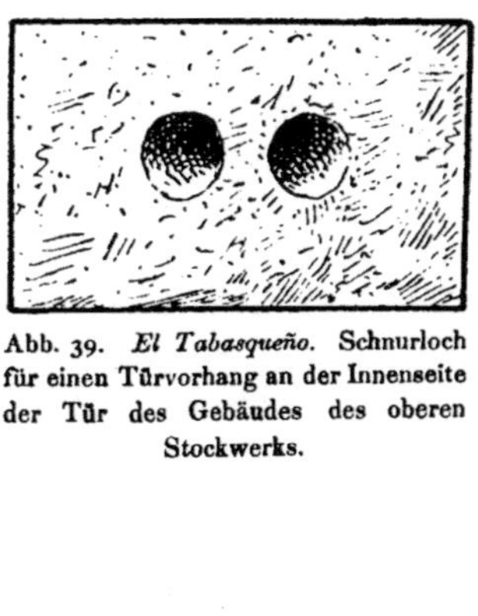

Abb. 39. *El Tabasqueño.* Schnurloch für einen Türvorhang an der Innenseite der Tür des Gebäudes des oberen Stockwerks.

Abb. 40. *El Tabasqueño.* Bau auf dem Südrande der großen künstlichen Aufschüttung. Gliederung der Fassaden der Seitenfronten des Gebäudes des oberen Stockwerks.

Ein Schnurloch für einen Türvorhang befindet sich links unten an der Tür. Es ist nicht, wie die Schnurlöcher sonst häufig, an der Fuge zweier Quadern (vgl. oben Abb. 18), sondern auf der Mitte des Quadersteins selbst ausgearbeitet (Abb. 39). An andern Stellen scheinen die Schnurlöcher durch einen später ausgeführten Stuckverputz der Wände verdeckt worden zu sein.

Die Außenwände dieses Gebäudes des ersten Stocks (Abb. 40) haben einen dreigliedrigen Sockel, der aus zwei senkrecht vorkragenden Steinreihen und einem vertieften Bande besteht, auf dem glatte Stücke mit Gruppen von drei flachen Halbsäulchen wechseln. Die Wandfläche ist an den nicht von einer Stuckfassade verdeckten Seiten (der Ost- und der Westseite des Gebäudes) glatt. Die Gesimse bestehn aus zwei schräg vorkragenden Steinreihen mit einem vertieften, von einer Reihe senkrechter Platten gebildeten Bande dazwischen. Der Fries ist an dieser Ost- und Westseite gleich der Wandfläche glatt. Und wie an der Außenfassade der ebenerdigen Zimmerreihen, ragen an dem untern wie an dem obern Rande des Frieses breite Steinplatten weit heraus. Auch in diesem Punkte gleichen also die Seitenfassaden des obern Stocks des Gebäudes von *Tabasqueño* den auf Pyramiden stehenden Tempelgebäuden von *Hochób.*

Die Stuckfassade, die der Vorderwand, der Nordfront, vorgeklebt ist (Tafel VIII und Abb. 41) setzt sich aus genau denselben Elementen zusammen wie die, die wir an dem zerstörten Baue am Ostrande des Platzes von *Hochób* und an dem Mittelgebäude des Palastes an der Nordseite des Platzes von *Hochób* kennen gelernt haben. Wir haben die Flächen zu den Seiten der Tür und das breite Frontstück über der Tür zu unterscheiden. Auf den aus Quadern aufgemauerten glatten Wandstücken rechts und links von der Tür ist je ein aufgesperrter Schlangenrachen im Profil gezeichnet zu sehen, der seine von Zähnen starrende Öffnung der Türe zukehrt. Aus dem Mundwinkel hängt, wie üblich, das hauzahnartige Gebilde heraus, das nach oben umbiegt und am Ende sich schneckenförmig einrollt, und das hier bis in die Höhe des Wimperstreifens der Augen emporragt. In dem Winkel der Rachenaufbiegung sieht man das große Auge, das — mit dem kugligen Augapfel, dem hier deutlichen Wimperstreifen darüber und der durch einen spiralen Einschnitt markierten Pupille — genau die Augen der großen Enface-Masken von *Hochób* wiedergibt. Während aber in dem Mittelgebäude des Nordpalastes von *Hochób* das Auge dieses Profilrachens von einer Braue überwölbt ist, die aus dem Leibe und dem in Profil gezeichneten Rachen einer andern Schlange besteht (vgl. oben S. 30, Abb. 26), ist hier in der Fassade von *Tabasqueño* (Abb. 41), genau so wie an der Fassade des Ostpalastes von *Hochób* (Tafel III), zwar der allgemeine Umriß des Gebildes, das die Rolle einer Braue

Abb. 41. *El Tabasqueño.* Mittlerer Teil und rechte (östliche) Hälfte der Nordfassade des Gebäudes des oberen Stockwerks des Baus auf dem Südrande der großen künstlichen Aufschüttung. (Die Eckmaskensäule, die hier, links vom Beschauer, noch folgen sollte, ist in der Zeichnung fortgelassen.)

spielt, noch der gleiche — das springt namentlich in den schräg herausragenden Edelsteinstäben in die Augen, die in Abb. 26 dem Schwanzende einer Schlange angefügt sind —, aber von einer klaren Umwandlung in eine Tiergestalt ist hier in Abb. 41, wie in der Fassade des Ostpalastes von

Hochób, nicht mehr die Rede. Man sieht eine Reihe sich kräuselnder Gebilde, die in den Bilderschriften häufig als Rückenlinie einer Federschlange gezeichnet werden, die es aber doch verwegen wäre, als Leib einer Schlange zu deuten. Und was in Abb. 26 ein deutlicher aufgesperrter Profilrachen ist, ist hier in *Tabasqueño* sowohl wie in der Fassade des Ostpalastes von *Hochób* ein wenig gegliedertes Gebilde, dessen Auflösung mir bisher noch nicht gelungen ist.

Während ferner an dem Mittelgebäude des Nordpalastes von *Hochób* (Abb. 26) an der unteren Begrenzung des im Profil gezeichneten Schlangenrachens rechts und links von der Tür nichts Besonderes zu sehen war, haben wir bei dem Gebäude des ersten Stockwerks von *Tabasqueño* (Abb. 41) unten in der Mitte anscheinend die Schneide- und Eckzähne einer untern Kinnlade — was beweisen würde, daß das, was ich oben als zwei im Profil gezeichnete Schlangenrachen bezeichnet habe, in Wahrheit die beiden Hälften eines En-face-Rachens sind, dessen Schlund die Türöffnung bildet.

Weiter nach außen folgen zwei paarige Gebilde, die ich aber zur Zeit noch nicht zu deuten imstande bin.

Die große En-face-Maske, die die Friesfläche der Fassade von *Tabasqueño* deckt, enthält die gleichen Elemente wie die Fassaden von *Hochób*. Die Ausführung ist etwas einfacher. Und es ist hier die hölzerne Türoberschwelle noch an ihrer Stelle und darum auch der mittlere Teil des Mundes und die Nasenpartie noch erhalten geblieben.

Der Augapfel hat eine tief eingeschnittene, die Pupille markierende Spirale und ist mit seinem Wimperstreifen in einer viereckigen Höhlung eingeschlossen, die von einer Art Braue überdacht ist. Zwischen diesen Brauen sieht man zwei halbzylindrisch sich vorwölbende Gebilde, darunter einen vertieften, ebenen, durch senkrechte Teilungen dreigegliederten Streifen, der zusammen mit einer Querreihe von sechs dicht aneinanderstoßenden Zapfen den breiten Raum zwischen den Augen füllt. Darunter folgt eine Lücke, die aber nur einen Stein breit ist und die mit einer Lücke in der oberen Mundbegrenzung in Verbindung steht. Ein Rüssel kann hier nicht gesessen haben, da der dafür verfügbare Raum viel zu breit ist. Es kann sich nur um eine Art Sockel handeln, der vielleicht eine Figur trug.

Was den Mund dieser großen Maske betrifft, so ist hier wie bei den andern Gebäuden dieser Klasse, wie wir sehen werden, nur der Oberkiefer mit seiner Zahnbewehrung zum Ausdruck gebracht worden. Obwohl durch den Ausfall der mittleren Partie des oberen Mundrandes und der Steinreihe unmittelbar darüber diese ganze Fügung etwas in Unordnung geraten ist, erkennt man doch, daß in der Mitte zwei Schneidezähne vorhanden waren, die an der Außenseite winklig ausgefeilt waren, daß diesen nach den Mundwinkeln zu zwei nach außen gekrümmte Zähne folgten, von denen beiderseits der zunächst der Mitte seine Spitze verloren hat, und daß dann der Mundwinkel kam, aus dem ein hauzahnartiges, an der Spitze sich einrollendes Gebilde mäßiger Länge herausragte.

Die viereckigen Ohrpflöcke sind wohlerhalten und deutlich. In ihrer Öffnung steckt noch der Zapfen, der den aus dem hohlen Ohrpflock herausragenden, am Ende mit einer Schelle versehenen Edelsteinriemen wiedergeben soll, der uns von den Götterfiguren der mexikanischen Bilderschriften her wohlbekannt ist. Die oberen Enden der Ohrmuschel sind durch je einen nach innen gewandten Wickel wiedergegeben. An dem untern Rande der Ohrpflöcke ist hier statt des Ohrgehänges, das die Masken anderer Monumente zeigen, nur ein Wickel gezeichnet, der sich mit dem Wickel des aus dem Mundwinkel herausragenden hauzahnartigen Gebildes berührt. — Auch die seitlich vom Ohrpflock ausstrahlenden Gebilde sind einfacherer Art.

Den Stirnrand dieser großen En-face-Maske bildet auch hier, wie bei den Fassaden von *Hochób*, ein schmaler, erhöhter Streifen, der rechts und links in einen Schlangenrachen endet. In der Fassade des Mittelgebäudes des Nordpalastes von *Hochób* zeigt dieser Streifen zwei miteinander verschlungene Schnüre, die zweifellos die Leiber der Schlangen bezeichnen sollen, die zu den Köpfen an den beiden Enden des Streifens gehören (vgl. Tafel VI und oben S. 30, Abb. 26). Hier in *Tabasqueño* (Abb. 41), ist dieser Streifen glatt, ohne eine Andeutung solcher Schlangenleiber — wenn solche nicht vielleicht in Malerei auf der Stuckfläche angegeben waren. Der Streifen selbst entspricht wohl, wie ich oben schon sagte, dem Blumen- oder Schmuckscheibenbande, das auf andern Monumenten den Stirnrand der großen En-face-Masken bildet. — Oben sitzt diesem Streifen in seiner ganzen Länge noch eine Reihe Wickel auf, die augenartige Gebilde einschließen. Über sie habe ich oben schon gesprochen. In der Mitte der Fassade ist diesen Wickeln wieder das aus fünf Werkstücken gebildete Ornament eingeschaltet, das wir schon in der Fassade der Flügelgebäude des Nordpalastes von *Hochób* fanden, und das wir wohl sicher als eine geöffnete Blüte deuten können.

Abb. 42. *El Tabasqueño.* Eine der Masken der Eckmaskensäule zu den Seiten der Nordfassade des Gebäudes des oberen Stockwerks.

Diese ganze oben beschriebene Fassade ist nun an den Kanten eingerahmt von den bekannten, die Ecken bildenden Säulen großer Masken mit großem herabgebogenem Rüssel (Abb. 42). Es sind an jeder Ecke acht Masken vorhanden. Eine entspricht dem Sockel. Sie steht auf einer 0,20 m hohen Steinreihe und hat eine Höhe von 0.61 m. Drei weitere Masken entsprechen der Wandfläche des Baues oder genauer dem Stücke bis zur oberen Kante der hölzernen Türoberschwelle. Vier weitere sind dem Friesteile des Baues zuzurechnen oder vielmehr dem den Fries, die Gesimse und den obersten Teil der Wand umfassenden Stücke, auf dem die große En-face-Maske angebracht ist. Diese sieben oberen Masken der Säule haben eine Höhe von 0.70 m. Die Augen dieser Masken (vgl. Abb. 42) sind verhältnismäßig klein, unten von einem Streifen umrandet. Die großen Rüssel, wie ich oben schon sagte, herabgebogen. Aus dem Mundwinkel hängt das schneckenförmig sich einrollende hauzahnartige Gebilde. Der viereckige Ohrpflock hat auch eine mäßige Größe. Das Ende der Ohrmuschel bildet einen nach innen gekehrten Wickel. Von dem unteren Rande des Ohrpflocks hängt ein einfacher, sich gabelnder Schmuck herab. Der den oberen Abschluß bildende Streifen trug, wie es scheint, ein Band von Schmuckscheiben.

Abb. 43, 44. *El Tabasqueño.* Pfeilerartige Werkstücke, einzeln auf dem Gelände der großen künstlichen Aufschüttung.
Zeichnungen von Teobert Maler.

Nach oben hat die Fassade keine weitere Fortsetzung mehr, aber der Mittelwand sitzt (vgl. Tafel VIII und Abb. 33, oben S. 38) eine Scheinwand (Bekrönungswand) auf, die, wie üblich, fensterartige Durchbrechungen zeigt und wahrscheinlich mit Figurenwerk geschmückt war.

Die ganze Stuckfassade und auch die Bekrönungsmauer war mit kräftig roter Farbe bemalt, von der an den verschiedensten Stellen noch deutliche Reste vorhanden sind.

Andere Gebäude, ähnlich diesen, standen vielleicht auch auf den andern Seiten der großen Erdauffüllung, die ich im Eingange dieses Abschnitts erwähnte. Weitere Trümmerhaufen fand Maler auch außerhalb dieser Erdauffüllung. Er erwähnt besonders — »die Ruine eines Baues mit Säulen, welche etwa 200 Schritt nördlich vom großen Terraplen liegt. Derselbe hatte zwei durch einen schmalen Gang getrennte Hauptgemächer, jedes mit dreifachem, von zwei gut gearbeiteten zylindrischen Säulen gestütztem Eingange«. — Das sind Gebäude, die wir ähnlich auch von *Kabah, X kalum kin* und andern Ruinenplätzen Yucatans kennen.

Teobert Maler hat endlich noch auf dem Boden der großen Erdauffüllung merkwürdige Werkstücke gefunden, die er als Grabmonumente deutet, die, wie es scheint, sich zu pfeilerartigen Bauten zusammensetzen. Er hat zwei solche auf seinem Plane abgebildet, die ich in Abb. 43, 44 wiedergebe.

III. Ɔibil nocac.

Noch einen dritten Ruinenort gibt es, wo sich Fassaden der gleichen Art finden, das ist die alte Stadt, die die Indianer *Ɔibil nocac* »bemaltes Gewölbe« nennen, $5^1/_2$ Leguas nordöstlich von *Ɔibalche'en.* Wie *Tabasqueño* und *Hochób,* muß dieser Ort schon in erster spanischer Zeit verlassen gewesen sein. Keine Spuren spanischer Okkupation sind hier vorhanden. Das Land war »Kronland« — oder »Regierungsland« in republikanischer Zeit. Aber im Anfange des zweiten Drittels des neunzehnten Jahrhunderts bemühte sich die damalige kaiserlich Iturbidesche Regierung des Verwaltungsbezirks Campeche, diese Ländereien zu entwickeln. Von *Noh cacab* und andern Plätzen aus wurden Kolonisten in dieses Gebiet gezogen, und an der Stelle der alten Stadt *Ɔibil nocac* die Kolonie Iturbide gegründet. John L. Stephens[1] besuchte von *Bolon ch'en* und der Hacienda de Santa Rosa aus wenige Jahre nach der Gründung der Kolonie diesen Ort und gibt eine ganz interessante Beschreibung von dem »Wildwestleben« in dieser yu-

[1] Incidents of Travel in Yucatan. New York, Harper & Brothers 1843, Vol. II, p. 174—190.

katekischen Grenzstadt. Später, zur Zeit des Indianeraufstands, hatte auch diese Kolonie schwer zu leiden. Sie hat sich aber als Grenzfestung in den Indianerkämpfen bewährt. Noch heute erinnern die mit Schießscharten versehenen Türme, die an den vier Ecken des Marktplatzes sich erheben, an jene kriegerische Zeit.

Stephens gibt von den alten Bauten nur eine sehr summarische Beschreibung und eine recht unvollkommene Abbildung. Sein Zeichner Catherwood litt in der ganzen Zeit schwer an Fieber und war nicht recht arbeitsfähig. Später, vom 23. bis 27. Mai 1887, hat Teobert Maler auch diese Ruinen besucht und die schönen Photographien aufgenommen, die ich in verkleinertem Maßstabe hier in Tafel IX wiedergebe. Aus seinen

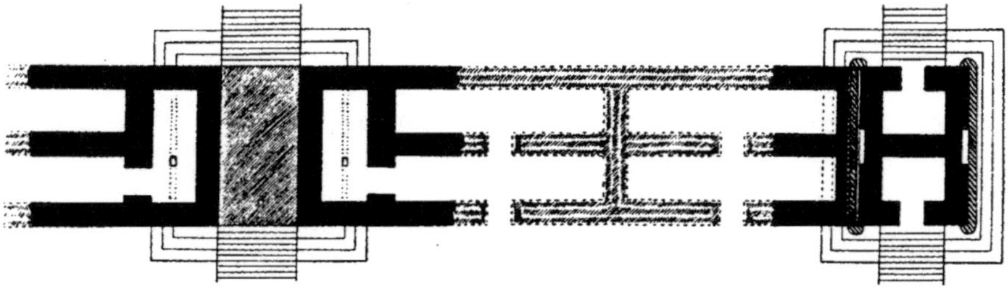

Abb. 45. Grundriß der Mitte und des Ostflügels des großen Fassadenbaus *Ɔibil nocac*, bei Iturbide.

Notizen, die mir freundlichst zur Verfügung gestellt wurden, habe ich meine eigenen Beobachtungen ergänzen können.

Die alte Stadt *Ɔibil nocac* ist größer und von größerer Bedeutung gewesen als *Tabasqueño* und *Hochób*. Zahlreiche hohe, künstliche Hügel werden sichtbar, wenn man die Tore der modernen Stadt Iturbide verläßt, die alle noch unerforscht sind. Die Aufmerksamkeit hat bisher einzig der große Bau — »Tempelpalast« nennt ihn Teobert Maler — erregt, über dem am Ost- und am Westende auf hohem Unterbau die schlanken Tempel sich erheben, die schon von weitem durch das zierliche Bildwerk der Stuckfassaden auffallen, die ihre östlichen und westlichen Fronten bekleiden.

Die Anlage des Baues ähnelt der des oben beschriebenen Bauwerks von *Tabasqueño*. Wir haben auch hier (vgl. Abb. 45) als Kern und Mittelpunkt der ganzen Anlage einen soliden, aus Steinen und Erde aufgeschütteten Hügel von Pyramidenform, der in einer Plattform endet, zu der an der Nord-

und an der Südseite breite Treppen emporführen. Diese Plattform mißt 11.70 m in ostwestlicher und 5.40 m in nordsüdlicher Erstreckung. Es finden sich Gebäudereste auf ihr, die aber nicht mehr erkennen lassen, was für einen Grundriß und was für eine Fassade sie hatten. An diesen Kern schließt sich rechts und links, d. h. östlich und westlich, je eine Doppelreihe von je zwei ostwestlich orientierten ebenerdigen Gemächern, die zusammen eine Gesamterstreckung von gegen 20 Metern in ostwestlicher Richtung haben. Diese Gemächer, die jetzt größtenteils eingestürzt sind, waren nach Süden gekehrt. Die beiden zunächst nach Süden liegenden waren von dort aus durch eine Tür betretbar. Die beiden Nordzimmer sind Hinterzimmer, nur von den Südzimmern aus zu erreichen. Von demjenigen

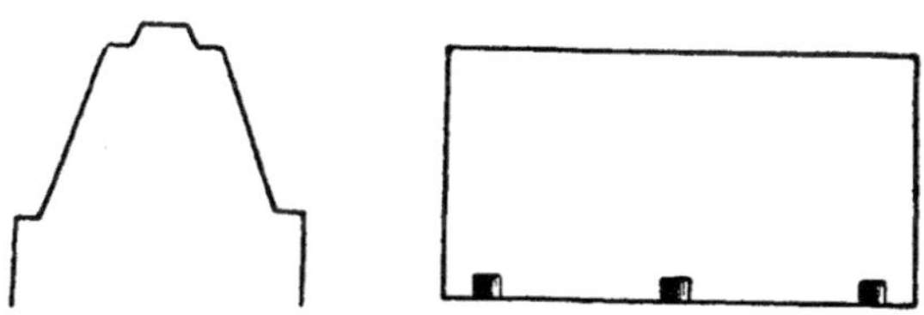

Abb. 46, 47. Gewölbdurchschnitt und Pfahllöcherverteilung der ebenerdigen Gemächer des großen Fassadenbaus *Ɔibil nocac.*

der beiden Südzimmer, das mit der Giebelwand an den massiven Kern lehnte, der die Mitte der ganzen Anlage bildet, führte, genau wie in *Tabasqueño*, eine Tür in ein ganz in den massiven Kern hineingebautes dunkles, verliesartiges Gemach, dessen Gewölbe nordsüdlich orientiert ist. Aber abweichend von dem, was wir in *Tabasqueño* sahen, grenzen hier in *Ɔibil nocac* die ebenerdigen Gemächer auch an dem andern Giebelende an je einen soliden, aus Steinen und Erde aufgeführten Hügel von Pyramidenform, auf dessen Plattform ein mit reichen Fassaden geschmückter tempelartiger Bau sich erhebt, den Teobert Maler seiner Stellung nach als »Flankentempel« bezeichnet und der eine Art oberen Stockwerks bildet.

Die ebenerdigen Gemächer haben eine Wandhöhe von 1.30 m. Die Gewölbe sind breit und niedrig, durch breite Deckplatten geschlossen. Die Seiten sind gerade. Unter den Deckplatten zeigen sie einen schrägen Absatz (Abb. 46). Die Gewölbunterkante ist an den Giebelwänden nicht herumgeführt.

Pfahllöcher sind drei vorhanden (Abb. 47) in der untersten Steinreihe des Gewölbes.

Die Türen, die von den ostwestlich orientierten zu den dunklen in den soliden Kern hineingebauten, nordsüdlich orientierten, verliesartigen Gemächern führen, waren durch hölzerne Oberschwellen gebildet, und zwar waren fünf hier nötig, der Breite der Mauern entsprechend. Drei davon befinden sich noch an Ort und Stelle.

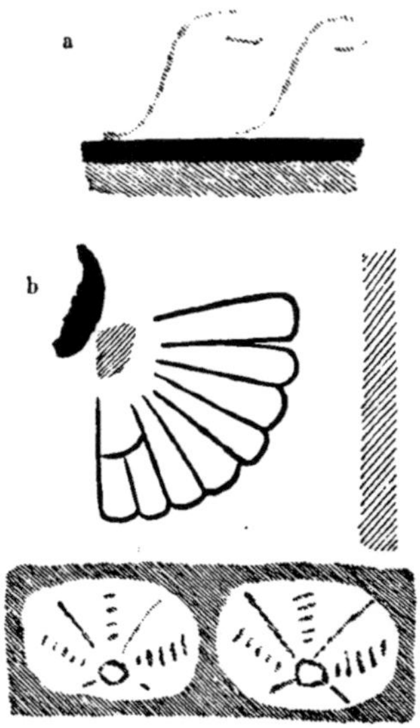

Abb. 48. Reste von Malereien in den ostwestlich orientierten ebenerdigen Gemächern des großen Fassadenbaues *Ɔibil nocac.*

Die Innenwände der ostwestlich orientierten Gemächer sind mit Stuck von weißer Farbe bekleidet. Breite rote Bänder umsäumen die Wand- und Gewölbeflächen unten, oben und an den Seiten, auch den Gewölbeanfang von der Wand trennend. Die Flächen selbst von Wand und Gewölben waren, wie Maler noch sah und beschreibt, durch schmale grüne und rote Bänder in lange, wagerechte, gelblichweiße Felder geteilt, auf denen »lange Reihen von Kriegern und Rangpersonen jeder Art aufmarschieren, zahlreiche Gefangene mit sich führend«. — Von diesen Malereien habe ich leider nur noch ein paar der grünen und roten Bänder (Abb. 48a) und einen Federkopfputz und andere disjecta membra sehen können (Abb. 48b).

Den dunklen, in den soliden Kern hineingebauten nordsüdlich orientierten Gemächern fehlt der Stucküberzug. Aber auf je einem Schlußsteine des Gewölbes — der aber nicht in der Mitte der Deckplattenreihe liegt — sieht man auf weißem geglätteten Grunde, in roter Farbe ausgeführt, eine Malerei figürlichen Charakters, nach der dieses ganze Bauwerk und jetzt auch der ganze Ruinenort den Namen *Ɔibil nocac,* das »bemalte Gewölbe«, erhalten hat. Ich gebe diese Zeichnungen in den Abbildungen 49, 50 nach Pausen, die Teobert Maler anfertigte, wieder. Abb. 49 ist dem Gemache an der Westseite, und Abb. 50 dem an der Ostseite des massiven Kerns entnommen. — Diese Malereien gehören offenbar nicht der besten Zeit an und sind nicht das Werk eines hervorragenden Künstlers, aber kennzeichnen ihren

Abb. 49, 50. Malereien auf je einem Schlußsteine des Gewölbes der nordsüdlich orientierten verliesartigen, lichtlosen, ebenerdigen Gemächer des Westflügels und des Ostflügels des großen Fassadenbaus *Dibil nocac.* Nach Durchzeichnungen Teobert Malers.

Urheber als einen Mann, der viel in seinem Leben gezeichnet hat und schnell und gewandt zu umreißen verstand. Das Überwiegen des Schriftgemäßen in der Monumentalkunst, worauf ich in diesem Aufsatze schon wiederholt aufmerksam zu machen Gelegenheit hatte, liegt auch hier klar zutage.

Wie man sieht, geben diese Zeichnungen jede die Gestalt eines Mannes wieder, der mit untergeschlagenen Beinen auf dem Boden sitzt. Die innere Seite des Unterarms und die Bauchseite des Leibes, wie anderseits die äußere Seite des Oberarms und die äußere Seite des Oberschenkels sind durch gestrichelte Ränder hervorgehoben. Die Schambinde ist breit und führt mit ihrer am Kreuz herausragenden Schleife und den unter dem Kreuz herunterfallenden Enden ganz die Art und Weise vor, wie in der Dresdner Handschrift die Schambinde von den Figuren männlichen Geschlechts getragen wurde.

Zu diesem Leibe gehört in beiden Figuren ein Kopf von tierartigem Aussehen mit großem Auge, rüsselförmiger, mit Zähnen besetzter Schnauze und auf dieser, ein Nasloch zeigend, mit zwei gestielten, augenartigen Gebilden, die zweifellos das wiedergeben, was ich oben als Edelsteinbänder bezeichnet habe, Gebilde, die auf dem Schnauzenende von Schlangen und verwandten Gestalten gezeichnet zu werden pflegen. In dem Ohre der Figur Abb. 49 steckt ein runder, in dem der Figur Abb. 50 ein viereckiger Pflock. Aus dem Kopfputze, der reich und phantastisch ist, ragen an der Stirnseite bei beiden flammenartige Gebilde heraus. Die Figur Abb. 50 bringt offenbar eine Schüssel mit Mais und andern Lebensmitteln dar. Was wir in der Hand der Figur Abb. 49 sehen, könnte ein *copalxiquipilli*, einen Beutel für Räucherwerk, darstellen sollen.

Diese beiden Bilder gehören offenbar in die Reihe der viel abgebildeten Gestalten, die wir als Götter des Wassers, des Regens und der Fruchtbarkeit zu bezeichnen haben. Auch diese werden auf den Monumenten mit großen Augen, einer in der Regel nach oben gebogenen Tierschnauze, einem Nasloche darauf und Edelsteinbändern davor, abgebildet. Sie kommen aber in zwei Varianten vor, die hieroglyphisch durch die Bilder, die ich hier in Abb. 51, 52 wiedergebe, veranschaulicht werden. In diesen Hieroglyphen sind sie mit einem Unterkiefer von knochiger Beschaffenheit, einem Totenunterkiefer, ausgestattet. In der einen Hieroglyphe, der an der linken Seite von Abb. 51, 52, trägt der Dämonenkopf als Determinativ an der Stirn einen Quincunx, der das Zeichen des Planeten Venus ist, und er ist mit der Ziffer Sieben verbunden. In der andern Hieroglyphe, der an der rechten Seite von Abb. 51, 52, hat der Dämonenkopf einen Schädel als Determinativ an der Stirne, und er ist mit der Ziffer Neun verbunden. Diese zwei Varianten entsprechen einer Verschiedenheit der Himmelsrichtung. Diese selben Determinative finden sich nämlich in Drachenköpfen, die an den Enden einer Figur, die das Himmelsgewölbe bezeichnet, angebracht sind, und die dort — der eine den Westen, der andere den Osten bezeichnete. Ich kann auf diese Verhältnisse nicht näher eingehen; ich habe darüber ausführlicher in meiner Arbeit über *Palenque* gesprochen[1]. Nur soviel wünschte ich festzustellen, daß die Figuren Abb. 49, 50, die ja auch, die eine dem Westgemache, die andere dem Ostgemache angehören, diese Bauwerke von *Ɔibil nocac* mit *Tikal, Palenque, Copan*, also den Orten, in denen wir die Mayakunst in ihrer Vollendung bewundern, in Verbindung bringen.

Abb. 51. Hieroglyphe der Gottheit des Westens und des Wassergotts *Ah bolon Ɔacab*. Copan, Stele D. (Nach Maudslay.)

Abb. 52. Dieselben. Altarplatte des sogenannten Sonnentempels von Palenque. (Nach Maudslay.)

Als Beweis für die Festigkeit des Typus möchte ich eine kleine Besonderheit noch hervorheben: die beiden Figuren von *Ɔibil nocac* schließen sich — abgesehen von allem andern — den beiden Hieroglyphen Abb. 51, 52 auch darin an, daß die dem Westen entsprechende Figur mit rundem, die dem Osten entsprechende mit viereckigem Ohrpflocke dargestellt

[1] »Beobachtungen und Studien in den Ruinen von Palenque«. Abhandl. d. Berl. Akad. d. Wiss. 1915. S. 83ff.

ist. Wenn es richtig ist, was ich in der angeführten Abhandlung über *Palenque* ausgeführt habe, daß diese Gestalten in irgendeiner Weise mit den Seelen der Toten, der gefallenen oder geopferten Krieger zusammenhängen, so erklärt sich daraus auf das einfachste das Vorkommen der Malereien Abb. 49, 50 an ihrer Stelle. Es sind eben dann diese lichtlosen Verliese, die, nur von den anderen Gemächern aus betretbar, in den massiven Kern, der den Tempel trägt, hineingetrieben sind, in Wirklichkeit die Gefängnisse der zum Opfer bestimmten Kriegsgefangenen. Und dazu würde die Tatsache vortrefflich stimmen, daß wir in *Tabasqueño* die Außenfassaden der ebenerdigen Gemächer, die zu jenen dunklen Verliesen führen, mit in Stuck gearbeiteten Kriegerfiguren bekleidet sehen, während in *Ɔibil nocac* die Innenwände derselben Gemächer mit Malereien geschmückt waren, die Reihen von Kriegern, die Gefangenen heranschleppen, darstellen. Und man begreift dann auch, daß die Figuren Abb. 49, 50 gerade auf die Deckplatten des Gewölbes gemalt worden sind. Diese Seelen der geopferten Krieger waren ja, wie diese Stämme glaubten, die im Himmel lebenden Geister, die die aufgehende Sonne empfingen und zum Zenit geleiteten. Für ihre Abbilder war die Decke des Gemaches der gegebene Ort.

Es bleiben nun noch die beiden Tempel übrig — Flankentempel nennt sie Teobert Maler —, die an den beiden Enden der ganzen Anlage fast turmartig auf pyramidaler Basis sich erheben, ein oberes Stockwerk bildend. Auf der Tafel IX sind die Westseite und die Südwestecke des östlichen der beiden nach den prächtigen Photographien Teobert Maler's wiedergegeben. Ihren Grundriß zeigt die Abb. 45. Man sieht, es sind zweizimmrige Baue, die von dem Rande der Plattformen, auf denen sie sich erheben, allseitig 1 m abstehen und in ihrer Orientierung genau den zweizimmrigen, auf Pyramiden stehenden Tempeln von *Hochób* und *Tabasqueño* entsprechen. Die Zimmer haben einen Grundriß von 2.71 m × 1.85 m. Die Wandhöhe beträgt 2.17 m. Die Gewölbe sind oben gegen die Deckplatte kaum abgesetzt (Abb. 53). Die Seiten sind gerade. Die Gewölbeunterkante an den Giebelwänden nicht herumgeführt.

Pfahllöcher sind zwei vorhanden, in der untersten Steinreihe des Gewölbes (Abb. 54).

Türen sind in der Mitte der Nord- und der Südseite angebracht. Und an der Ost- und der Westseite — den beiden Fronten, die nachträglich von einer an den Ecken übergreifenden Stuckfassade überdeckt worden sind, — ist in der Mitte eine Scheintür angebracht, da der Charakter der Fassade, wie der der anderen Bauten dieser Gruppe, eine Tür mit Notwendigkeit bedingt; die Tür stellt eben den Schlund des aufgesperrten Ungeheuerrachens dar, den die angeklebte Fassade uns vorführt. Es ist aber zu bemerken, daß die beiden Tempel, die in *Hochób* an der Südseite des Tempelhofes ebenfalls auf pyramidaler Basis sich erheben, dieselben Scheintüren in der Mitte der Ost- und der Westfront haben, obwohl diesen Tempeln die angeklebte Stuckfassade fehlt. Man kann vielleicht daraus schließen, daß diese Tempel auch eine solche Stuckfassade erhalten sollten, daß diese Tempel aber unvollendet geblieben sind.

Die massiven Pyramiden, die an dem Ost- und dem Westende des großen Tempelpalastes von *Ɔibil nocac* die beiden mit Stuckfassaden bekleideten,

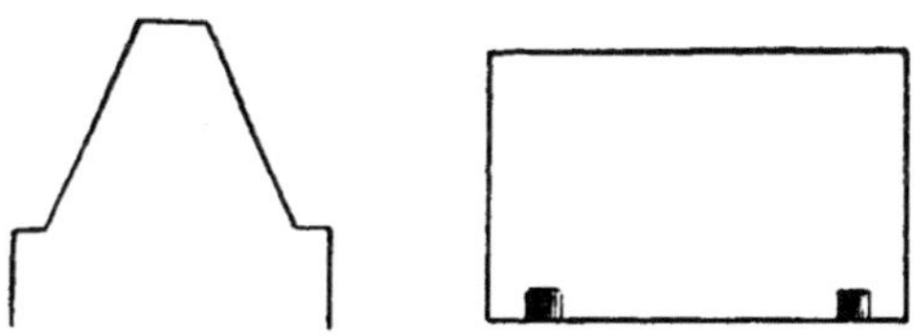

Abb. 53, 54. Gewölbdurchschnitt und Pfahllöcherverteilung in den Gemächern des Pyramidenbaus an dem Ostflügel des großen Fassadengebäudes *Ɔibil nocac.*

turmartig aufragenden Gebäude tragen, erhoben sich, wie es scheint, in drei schwach zurücktretenden, steilböschigen Absätzen. Sie sind von den Bewohnern der Stadt Iturbide ihrer Steinverkleidung nahezu vollständig beraubt worden, die gut behauenen Quadersteine zum Aufbaue der Kasernen und der Mauern der Grenzstadt verwendet worden. An den Gebäuden selbst, die die Pyramiden krönen, sind auf der Nord- und der Südseite die Wandteile größtenteils herabgestürzt, da man auch hier die hölzernen Oberschwellen, die die Türen bildeten, herausgerissen hat. Und auf der Ost- und der Westseite, wo nur flache Scheintüren vorhanden sind und der Zusammenhang der Fassade sich erhalten hat, fehlen doch die Verblender, die den Untersatz oder Sockel bildeten, da diese auch hier den Steinräubern zum Opfer fielen. Der übrige Teil der beiden Fassaden hat den zerstörenden Elementen getrotzt.

Der Gedanke, der dieser Fassade zugrunde liegt, ist wieder genau der gleiche, wie bei den zuvor besprochenen Fassaden. Auch hier haben wir (vgl. Tafel IX und Textabb. 55) in dem untern Teile, der der Wandfläche des Gebäudes entspricht, zu beiden Seiten der Türe, was wie zwei im Profile gezeichnete, gegen den Türeingang sich öffnende Schlangenrachen aussieht, was aber in Wirklichkeit als die beiden Hälften eines en face gedachten aufgesperrten Ungeheuerrachens aufzufassen ist, dessen Schlund die Türöffnung bildet. Denn es scheint, daß auch hier eine dem mittleren Teile des Unterkiefers entsprechende Verbindung anzunehmen ist. Die innere Begrenzung des Rachens ist etwas steifer, geradliniger als in den Fassaden von *Hochób* und *Tabasqueño*. Aber die Zahnbewaffnung ist ebenso vollständig und eindrucksvoll. Aus dem Mundwinkel ragt horizontal auch hier das am Ende sich schneckenförmig einrollende hauzahnartige Gebilde heraus, das aber hier deutlich ein paariges Gebilde ist. Das, was ich oben in der Fassade von *Hochób* (Abb. 26) nur als ein dem hauzahnartigen Gebilde aufsitzendes Auge deuten konnte, entpuppt sich jetzt als das eingerollte Ende eines zweiten, neben dem ersten aus dem Mundwinkel heraustretenden spiral sich einrollenden Streifens. Weiter ist auch hier in Abb. 55 im äußern Winkel der Rachenaufbiegung der große, von einem Wimperstreifen überdachte Augapfel deutlich, mit seinem spiralen Einschnitte, der die Pupille markiert. Und endlich haben wir auch hier als Braue dieses großen Auges ein von Voluten umsetztes Gebilde, das im äußern Umriß und insbesondere dem schräg nach hinten ragenden Edelsteinstabe der Schlange zu vergleichen ist, die in der Fassade von *Hochób* (Abb. 26) die Braue dieses Auges bildete. Neu und abweichend ist an diesem Ungeheuerrachen, der die Scheintür der Ost- und der Westfassade des Flankentempels von *Ɔibil nocac* (Abb. 55) umgibt, das wie eine gespaltene Schlangenzunge aussehende Gebilde, das links und rechts von dem Unterrande dieses Ungeheuerrachens nach unten hängt. Und noch merkwürdiger ist dahinter die große, wellig begrenzte »senkrechte Platte«, auf der jederseits in deutlicher Einritzung drei kalkuliform umrissene Hieroglyphen angegeben sind, die in den Photographien Maler's wie Hieroglyphen von Tageszeichen aussehen, deren Linien ich aber, als ich diese Fassade studierte, nicht mehr deutlich unterscheiden konnte.

Der obere Teil der Fassade wird auch hier wieder von der großen En-face-Maske gebildet, die oberhalb der Scheintür quer über den ganzen, Gesimse und Fries umfassenden Raum sich hinzieht. Bemerkenswert ist hier nur, daß dieser ganze Teil der Fassade, einschließlich der

Abb. 55. Westfassade des Pyramidenbaus (»Flankentempels«) an dem Ostende des Ostflügels des großen Fassadenbaus *Ɔibil nocac.* (In der Mitte des Bildes die Scheintür.)

Eckmasken, die ihn umfassen, etwas über die Fläche des unteren Teils der Fassade vorspringt (vgl. Tafel IX). Die einzelnen Elemente sind einfacher gehalten und ähneln denen der großen Maske des obern Teils der Fassade von *Tabasqueño.* Aber an der Ost- und Westseite der »Flankentempel« von *Ɔibil nocac* baut sich diese große Maske über einer flach eingesenkten Scheintür auf, und es haben sich daher einzig an diesen Gebäuden die Nasengegend und der Mund mit seinen Zähnen unversehrt erhalten.

Die Augäpfel (vgl. Abb. 55) haben dieselbe Gestalt und Beschaffenheit wie bei den Riesen-en-face-Masken der andern bisher besprochenen Fassaden, aber über ihnen sieht man hier, an Stelle des Wimperstreifens der Riesen-en-face-Masken von *Hochób*, eine Augenbraue, deren nach innen gerichtetes Ende kurz und abgestumpft, das nach außen gerichtete lang und zugespitzt ist. Die Wangenstücke sind grob zubehauen und einfach und umgeben den Augapfel im rechten Winkel. Der breite, jederseits von Wangenstück, Augapfel und Augenbraue begrenzte Raum wird nun von den Elementen der Nasengegend eingenommen, die wir hier zum ersten Male in ihrer Vollständigkeit und Eigenart zu Gesicht bekommen, da hier die Riesenmaske über einer Scheintür sich aufbaut, der kein Türbalken herausgerissen werden konnte, der alles, was er bisher getragen, mit sich zu Boden riß. Hier ist nun deutlich zu sehen, daß von einem Rüssel keine Rede sein kann. Die Nasengegend wird von verschiedenen stärker und weniger stark vorspringenden Steinreihen gebildet, die in ihrer Gesamtheit etwas wie einen Sockel oder Hintergrund für eine Figur darzustellen scheinen. Die Anordnung scheint mit geringen Abweichungen die gleiche zu sein wie die, die wir bei der Fassade von *Tabasqueño* (Abb. 41) anzunehmen haben. Die oberste, stärker vorspringende Reihe wird hier nicht, wie in *Tabasqueño*, von zwei halbzylindrischen Stücken, sondern von drei Quadern mit ebnen Flächen gebildet. Darunter folgt dann aber, wie in *Tabasqueño*, die weiter zurückliegende, aus drei großen Quadern gebildete Fläche und dann die wieder vorspringende quere Reihe geringerer Höhe. Und endlich eine noch stärker, sockelartig vorspringende unterste Reihe, die in *Tabasqueño* ausgebrochen ist. Ob diese Sockelbildung wirklich eine Figur getragen hat, ist mir noch zweifelhaft. Aber in andern, spätern, reicher ausgestatteten Fassaden können wir das sehen. Und die Figur überwuchert dann dort das andre Beiwerk und drängt sich dem Beschauer als das Hauptstück der ganzen Fassade auf.

Unter den Elementen, die hier die Stelle der Nase einnehmen, ist dann der Mund, ebenfalls in allen Teilen wohlerhalten, zu sehen. Das heißt, nur der Oberkiefer. Denn der Unterkiefer ist nicht zum Ausdrucke gebracht — oder richtiger, der Unterkiefer ist am Grunde der Türe gedacht, die auch für diese große En-face-Maske des Friesteils der Fassade den Schlund abgibt. Dieser obere Mundrand zeigt (vgl. Abb. 55), wie der der Fassade von *Tabasqueño* (Abb. 41) in der Mitte zwei Schneidezähne, die an der Außenseite winklig ausgefeilt sind, wie die Schneidezähne des Sonnengotts der Maya-Stämme[1]. Nach außen von diesen folgt ein nach außen gekrümmter und ein nach unten gekrümmter Hauzahn und danach, vom obern Mundwinkel ausgehend, ein hier deutlich hauzahnartiges Gebilde, das am Ende schneckenförmig sich einrollt. Ungefähr ähnlich muß auch der obere Mundwinkel der Riesen-en-face-Maske von *Tabasqueño* bewehrt gewesen sein. Doch sind dort die Zähne etwas verrückt und nicht ganz vollständig.

Ohr und Ohrpflöcke mit ihren Anhängern und ihren Ausstrahlungen sind ebenfalls einfach gehalten und entsprechen dem allgemeinen Schema.

Den Stirnrand bildet ein schmaler, erhöhter Streifen, der offenbar dem mit zwei ineinander gewundenen Schlangenleibern bedeckten, an beiden Enden in einen Schlangenkopf ausgehenden Streifen entspricht, der an der Fassade des Mittelgebäudes des Nordpalastes von *Hochób* den Stirnrand der großen En-face-Maske bildet. In der Tat ist auch hier an der Fassade von *Ɔibil nocac* an beiden Enden dieses erhöhten Streifens ein Schlangenkopf zu sehen, der sich über die oberste der Eckmaskensäulen vorschiebt (vgl. Tafel IX und Textabb. 55). Darüber folgt eine Reihe von Voluten, die augenartige Gebilde einschließen. Sie entsprechen denen, die in den beiden andern beschriebenen Fassaden den Abschluß bilden, und haben offenbar die gleiche Bedeutung wie dort. Eine zweite schmale, senkrechte Steinreihe darüber bildet den eigentlichen Schluß.

An den Seiten ist diese ganze Fassade von Säulen von Eckmasken eingefaßt, deren große, rüsselartige Nasen die normale Abwärtsbiegung zeigen (Tafel IX und Abb. 55). Es fallen von diesen Masken drei auf den etwas zurückliegenden untern Teil, der in dieser künstlichen, angeklebten Fassade die Wandfläche vorstellt, und nur eine auf den vorkragenden obern Teil, der den Fries der Fassade vorstellen soll. Die Masken sehen etwas vom Wind und Wetter mitgenommen aus, haben auch wohl von Menschenhand Unbilden erfahren; man erkennt aber doch, daß sie derselben einfachen Art sind wie die, die ich oben von *Hochób* (Abb. 25, oben S. 28) und *Tabasqueño* (Abb. 42, oben S. 46) abgebildet und beschrieben habe.

---

[1] Vgl. meine »Gesammelten Abhandlungen« Band III (Berlin 1908), S. 612, 613, 729.

IV. Noh cacab II.

Noh cacab heißt »große Ansiedlung«. Den Namen trägt das südöstlich von dem bekannten Ruinenorte *Uxmal* gelegene große Kirchdorf, das heute nach seinem Ortsheiligen Santa Elena genannt wird. Das *Noh cacab* aber, von dem ich hier spreche, liegt weit davon entfernt in der Provincia de los Chenes und wird von Teobert Maler in seinen Notizen als *Noh cacab II* bezeichnet. Von dem Rancho *Xcopil cacab*, der ersten Station an der Straße, die von *Hoppel ch'en* in südlicher Richtung nach *Ɔibal ch'en* führt, nach links abbiegend, kommt man nach etwa zwei Leguas in südöstlicher Richtung nach dem Rancho *Chulul* und zwei Leguas weiter zu der Lokalität, die von den dortigen Eingebornen *Noh cacab* genannt wird. Teobert Maler hat auf einer seiner Reisen diesen Ort besucht und von einem der Gebäude eine Photographie gemacht, die ich hier auf Tafel X wiedergebe. Nähere Angaben über den Ort habe ich von Herrn Maler bisher noch nicht erhalten können. Und von dem Gebäude gibt er nur an, daß es vier Gemächer enthalte, und daß die von ihm aufgenommene Fassade nach Osten gewendet sei.

Trotz des stark zerstörten Zustandes erkennt man sofort, daß die Fassade, die das Bild Tafel X wiedergibt, derselben Klasse angehört wie die oben von mir beschriebenen Fassaden von *Hochób*, *Tabasqueño* und *Ɔibil nocac*. Die Einfassung der Tür, durch die man jetzt in ein Gewirr belaubten Stangenholzes, von seilartig zur Erde sich senkenden Luftwurzeln und von kletternden Lianen sieht, zeigt in halber Höhe denselben kennzeichnenden rechtwinkligen Knick, der seinen Ursprung dem Umstande verdankt, daß hier rechts und links die Tür von einem im Profil gezeichneten Schlangenrachen begrenzt ist. Der Werkmann arbeitete, wie das ganz allgemein in Yucatan und in den Nachbargegenden üblich war, mosaikartig mit großen Steinklötzen, die, bald stärker vorspringend, bald tiefer eingesenkt, in der aus Steinen und Mörtel bestehenden Füllmasse der Mauern verzapft wurden, die Einzelheiten der Zeichnung in hohem Relief hervortreten lassend. In der Fassade von *Noh cacab* kommen alle Umrisse in besonders wuchtiger Form zum Ausdruck. Der im Profil gezeichnete Schlangenrachen ist für den, dessen Auge durch die Betrachtung der oben gegebenen Fassadenbilder geschärft ist, deutlich gekennzeichnet. In dem inneren Winkel, den der scharfe Knick der breiten Steinreihe des Rachenrandes bildet, wird jedem das mit einer gerundeten Wimperplatte und einem als Augenbraue dienenden, quergelagerten Steine versehene Auge erkennbar sein. Und ebenso das hauzahnartige Gebilde, das aus dem Mundwinkel heraus hier direkt nach oben ragt, sich am Ende schneckenförmig einrollend. Schwieriger ist es, sich über die Bedeutung der Gebilde eine Vorstellung zu machen, die auf dem vertieften Grunde gerade über dem Auge sichtbar sind, da, wo in der Fassade von *Hochób* (Abb. 26 oben S. 30) im Flachrelief eine Schlange mit aufklappendem, zähnestarrenden Profilrachen angegeben war. Auf der Photographie der Fassade von *Noh cacab* (Tafel X) kann ich an der betreffenden Stelle nur oben eine S-förmige Zeichnung und darunter ein kammartiges Gebilde in etwas schräger Stellung sehen — eine Kombination, die ich bisher noch mit keiner der auf den andern Fassaden an dieser Stelle angebrachten Zeichnungen in Verbindung bringen konnte. Eine Besonderheit der Fassade von *Noh cacab* (Tafel X) scheint ferner das mit einem großen Wickel erfüllte Fach zu sein, das die unmittelbare Fortsetzung des das Auge bergenden Faches nach oben ist, und das Schnauzenende des aufgeklappten großen, die Tür einfassenden Profilrachens darzustellen scheint. Und was an dieses Fach in der Richtung nach außen sich schließt — Gebilde, die zum großen Teil auf der Photographie in tiefem Dunkel liegen —, davon kann ich allein nach der Photographie mir keinen Begriff machen. Die seitliche Begrenzung an der rechten Seite (links vom Beschauer) scheint eine Eckmaskensäule zu sein, deren Einzelheiten wiederum schwer zu entwirren sind. Die Masken scheinen einfacher Form zu sein, mit abwärts gebogenem Rüssel. Am Augapfel der einen fällt wieder die S-förmige Zeichnung auf, die wir oben über dem Auge des großen Profilrachens angetroffen haben.

Die beiden Profilrachen mit der Türe, die sie einschließen, stellen die Wandfläche der Fassade vor. Darüber mußte die Friesfläche folgen, die auf den oben beschriebenen und abgebildeten Fassaden von einer großen Riesen-en-face-Maske eingenommen war. Von einer solchen Friesfläche ist hier heute nichts mehr zu sehen; daß eine solche aber doch vorhanden war, ist an sich wahrscheinlich und scheint dadurch bewiesen zu sein, daß die Photographie Tafel X in dem Schutte, der die Türschwelle bedeckt, auch eine der großen Steinblumen erkennen zu lassen scheint, die wir in den oben abgebildeten Fassaden von *Hochób* und *Tabasqueño* (Abb. 20 und 41) dem Dachrande angeheftet sahen.

V. Xlabpák de Santa Rosa.

»Die alten Gemäuer der Hacienda Santa Rosa.«

In dem nördlichen Teile der Provincia de los Chenes an der alten Straße, die ehemals von *Bolon ch'en* in südöstlicher Richtung nach Iturbide und den Ruinen von *Ɔibil nocac* führte, lag eine Hacienda, Santa Rosa genannt, deren Gebäude in dem großen Indianeraufstande vom Jahre 1842 in Flammen aufgiengen. Die ganze Gegend ist seitdem verlassen, die Baulichkeiten und die Wege vom Urwalde überwachsen. Obwohl das Gebiet jetzt wieder sicher geworden ist, hat noch niemand daran gedacht, die Ausnutzung der Ländereien wieder in Angriff zu nehmen. Denn da die wenigen Wasserstellen in der Trockenzeit oft ganz versiegen und das Wasser dann bis von *Bolon ch'en* in Fässern und Tonnen herbeigeschafft werden muß, was große Kosten verursacht, ist der Betrieb nicht recht lohnend.

Auf dem Gebiete dieser Hacienda lagen alte Ruinen, die ehemals ziemlich bekannt waren, solange die Straße von *Bolon ch'en* nach Iturbide begangen wurde, und die deshalb auch von Stephens besucht wurden[1], dessen yukatekische Reisen in die Zeit vor dem Indianeraufstande fielen. Mit der Verödung der Gegend ist die Kenntnis dieser Ruinen auch den in der Nachbarschaft wohnenden Eingeborenen ganz abhanden gekommen, bis es der Energie und dem Eifer unsers Landsmanns Teobert Maler gelang — nachdem er schon im Jahre 1887 einen vergeblichen Versuch, sie aufzufinden, gemacht hatte —, im März 1891 bis zu den Ruinen vorzustoßen und einen Plan von ihnen und Photographien von den Einzelheiten aufzunehmen[2].

Nach der Beschreibung Maler's[3] bilden zwei Riesenbauten die architektonischen Zentren der Stadt: — im Ostteile ein großer Trümmerberg, der im ganzen pyramidalen Charakter gehabt zu haben scheint; im Westteile ein drei Geschosse zählender Tempelpalast, der bei den Eingeborenen den Namen *Xtampak* führte, auf dessen Plattform am östlichen Rande eine

---

[1] John L. Stephens. Incidents of Travel in Yucatan. New York 1843. Vol. II, p. 157—169.

[2] Teobert Maler. Yukatekische Forschungen. »Globus« Band 82 (2. Oktober 1902), S. 218—228.

[3] A. a. O. S. 224.

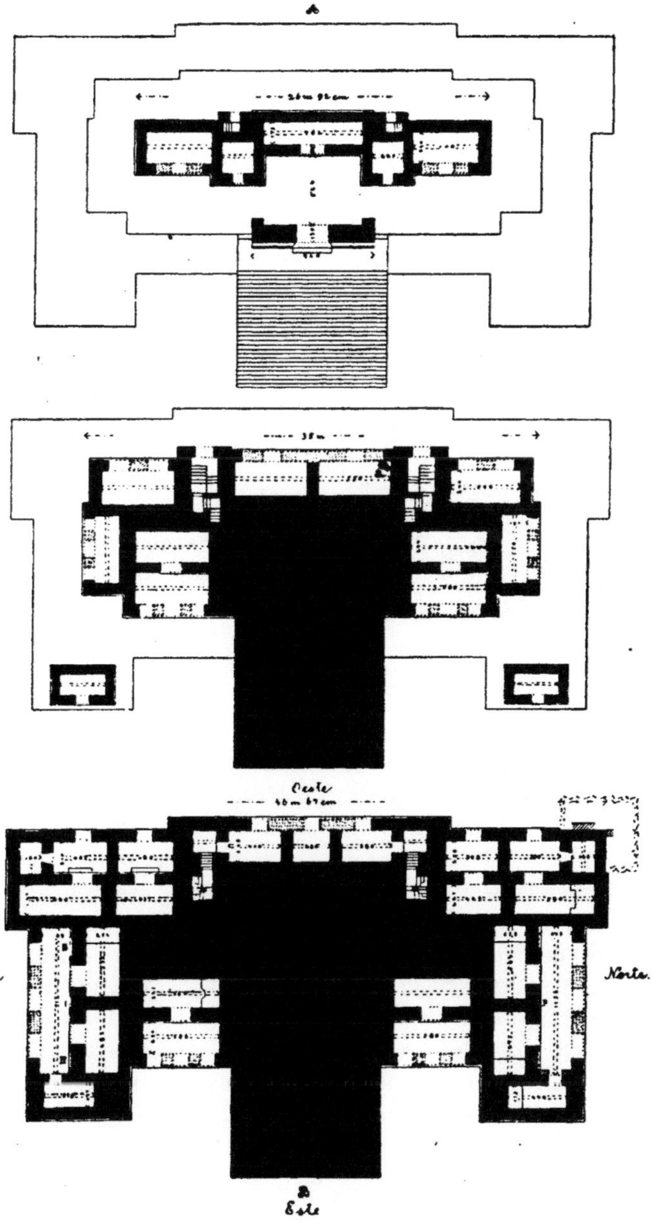

Abb. 56a—c. *Xtam pak,* das westliche Hauptgebäude der Ruinenstadt bei der zerstörten Hacienda de Santa Rosa] südöstlich von *Bolon ch'en.* Grundriß des Erdgeschosses und der beiden oberen Stockwerke. Zeichnung von Teobert Maler.

hohe Ziermauer aufsteigt, zu der an der Ostseite eine große Treppe emporführt (vgl. Abb. 56a—c und den senkrechten Durchschnitt Abb. 56d), während an der Westseite in den drei Geschossen Reihen von Gemächern die Front bilden. Die freie Zierwand an dem Ostrande der obern Plattform hat an ihrer Vorderseite eine reichausgebildete Fassade, von der ich leider bisher noch keine Photographie habe erlangen können, von der ich aber nach Bemerkungen Maler's annehmen muß, daß sie denselben Charakter hatte wie die bisher beschriebenen Fassaden. Dagegen habe ich von Hrn. Maler die Photographie eines andern alten Gebäudes erlangt, das nördlich von dem *Xtampak* liegt und das Maler »den Bau des Gemachs mit Halbgewölbe« (La casa del cuarto con media bóveda) nennt, weil dessen der Prachtfassade entsprechendes Gemach nur mit einem halben Gewölbe überspannt ist. Es ist, wie aus der Beschreibung hervorgeht, ein aus einem Mittel- und zwei Flügelgebäuden bestehender Komplex, ähnlich dem Baue an der Nordseite des Tempelhofes von *Hochób*.

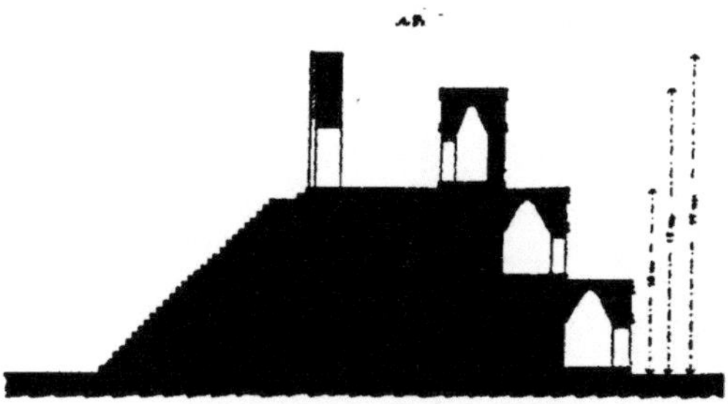

Abb. 56d. *Xtam pak*, das westliche Hauptgebäude der Ruinenstadt bei der zerstörten Hazienda de Santa Rosa, südöstlich von *Bolon ch'en*. Senkrechter Durchschnitt in der Richtung Ost-West. Zeichnung Teobert Malers.

Die über die halbzerstörten Seitenflügel etwas vorspringende Mittelfassade, die ich auf Tafel XI wiedergegeben habe, die (nach Maler) »eine der Zierwand des *Tampak* ähnliche Dekorationsweise« zeigt, ist offenbar desselben Charakters wie die bisher beschriebenen Fassaden.

In der Tat ist an dieser halbzerstörten Fassade zunächst zu beiden Seiten der Tür der Mundrand des im Profil gezeichneten Schlangenrachens mit seinem rechtwinkligen Knick deutlich sichtbar. Er ist hier sogar noch in dichter Reihe mit den die Zahnwurzeln umgebenden halbmondförmigen Täschchen besetzt, die das Zahnfleisch zum Ausdruck zu bringen bestimmt sind. In dem inneren Winkel der Aufklappung erkennt man das große Auge, und von den Gebilden, die darüber folgen, obwohl sie tief im Schatten liegen, ist wenigstens der schräg herausragende Edelsteinstab oder Edelsteinriemen deutlich, über den ich oben S. 31 gesprochen habe, der auf der Fassade von *Hochób* (Abb. 26) von dem Schwanzende der das Auge umgebenden, in Flachrelief gearbeiteten Schlange ausstrahlt, und der auch auf der Fassade von *Tabasqueño* (Abb. 41) zu sehen ist. — Weitere Identifikationen vorzunehmen, gestatten der zerstörte Zustand der Fassade und die tiefen Schatten, die zur Zeit der Aufnahme auf ihr lagen, nicht. Es ist aber wichtig, daß durch die Photographie Tafel XI das Vorkommen dieser Fassade so weit nach Norden festgestellt ist — festgestellt nicht nur für diese Fassade (Tafel XI), sondern auch für die merkwürdige Zierwand, die einzeln an dem Ostrande der obern Plattform des *Xtampák* aufragt, da ja nach dem Zeugnisse Teobert Maler's die Fassade Tafel XI »eine der Zierwand des *Tampak* ähnliche Dekorationsweise zeigt«.

VI. Huntichmul I.

6 Kilometer südlich von dem bekannten Ruinenorte *Labná*, etwa halbwegs an der Straße, die von *Labná* nach *Kiuic*, einem anderen noch wenig durchforschten großen, an der Straße *Boloncl'en-Xul* gelegenen Ruinenorte, führt, liegen unfern der Gebäude der Hacienda Santa Rita, über ein weites Gebiet zerstreut, die Häuser und Tempel einer alten Stadt, die von den Indianern der Hacienda *Huntichmul* »Trümmerhügel« genannt wird. Sie ist zuerst im Jahre 1887 von Teobert Maler besucht worden, der darüber im »Globus«, Bd. 68, Nr. 16 (Oktober 1895) berichtete. Es finden sich dort stattliche, noch wohlerhaltene Paläste mit Halbsäulchenfriesen, wie so viele in den alten Städten Yucatans vorkommen. Ein besonderes Interesse aber verdient ein Bau, den Teobert Maler mit Recht als Tempel im engeren Sinne auffaßt. Er erhebt sich auf einem künstlichen Hügel, der, wie es scheint, an einen natürlichen Hügel sich lehnt und in drei Stockwerken aufsteigt. Die Front ist dem Norden zugekehrt, und dort führt eine Treppe in die Höhe. Die Wände des Hügels waren mit Skulpturen bekleidet. Ich konnte, als ich im Jahre 1911 diesen Bau besichtigte, zu beiden Seiten der Treppe über der untersten Steinreihe noch die Teile einer großen Skulptur erkennen, die aber zu unvollständig waren, um sie mit Sicherheit deuten zu können. Eine andere, ähnliche Skulptur bekleidete die Kanten des Hügels. Die Treppe führt zu einer kleinen Plattform, die in der Mitte eine zweite, höher aufragende Pyramide trägt. An den soliden Kern dieser zweiten Pyramide lehnt sich ein ostwestlich orientiertes

Gewölbe, dessen Außenfassade nach Norden gekehrt ist und dort von einer Türe durchbrochen ist, über der sich noch zur Zeit meiner Anwesenheit die Oberschwelle aus dem harten *Kik-ché* Holze spannte, die Maler in seinem Berichte erwähnt. Dieser Fassade ist aber nun ein zweites, ebenfalls ostwestlich orientiertes Gewölbe vorgelagert, das auf dem Friesuntergesimse der Außenfassade des erstgenannten Gewölbes aufsetzt, aber an der andern Seite tiefer hinabgeht (vgl. Abb. 57a, b). Und diesem Gewölbe wieder ist, ebenfalls an der Nordseite, ein anderes, kleineres, tiefer gelegenes Nebengemach vorgelegt, das von dem vorigen aus betretbar ist. In der Mitte dieses kleinen Gemaches befindet sich im Fußboden die 0.36 m im Durchmesser messende Öffnung eines *chultun* oder Regenwasserbehälters, dessen Halsteil wohl 3—4 m hinabgeht, ehe er in den tonnenförmigen eigentlichen Hohlraum des *chultun* übergeht. Dieser Regenwasserbrunnen wird durch Röhren gespeist, die oben am Halse des *chultun*, nahe seiner Mündung, sich öffnen. Zwei solcher Kanalöffnungen befinden sich einander gegenüber an der Ost- und der Westseite der *chultun*-Mündung.

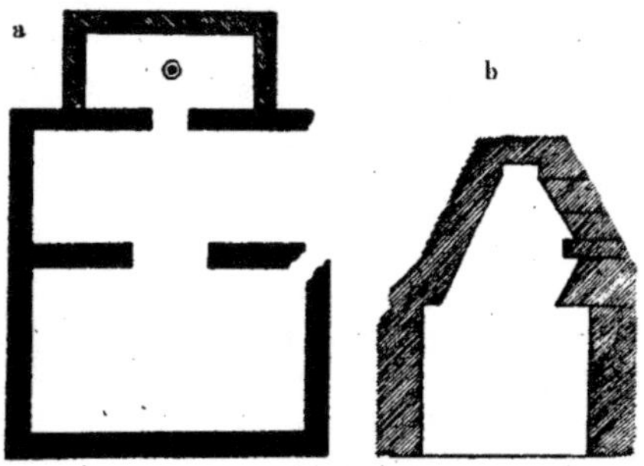

Abb. 57. *Huntichmul I*, südlich von *Labná*. a) Grundriß der beiden Gemächer auf der ersten Plattform der an den Berg gebauten Tempelpyramide. b) Senkrechter Durchschnitt des nördlichen der beiden Gemächer.

Von diesen Gebäuden, die das erste Stockwerk dieses Tempels bilden, steigt man »auf arg verschütteten Seitentreppen« zu der Höhe des zweiten Stockwerks empor, wo sich auf einer schmalen Plattform ein aus einem Vorder- und einem Hintergemache bestehendes Gebäude erhob, von dem aber nur einige Mauerreste noch aufrecht stehen. Maler sah die Vorderseite dieses Gebäudes noch mit einer sehr eindrucksvollen Verzierung bekleidet, von der es ihm gelang, trotz mangelnden Abstandes eine Aufnahme zu machen, die ich auf Tafel XII wiedergegeben habe. Als ich 1911 diese Ruine besuchte, war von diesen Verzierungen der Außenseite nichts mehr zu sehen. Nur der rohe Mauerkern war dort geblieben, aber die Innen- und Hinterwände trugen noch die glatte Quadersteinbekleidung, die der Baumeister ihnen gegeben.

Um so erfreulicher ist es, daß wir in der Maler'schen Photographie noch ein erkennbares und eine Deutung gestattendes Bild dieses Fassadenrestes erhalten haben. Ein Blick auf diese Photographie lehrt nämlich, daß dieser Rest im Stil und im Gegenstande der Darstellung sich den oben beschriebenen Fassaden von *Hochób*, *Tabasqueño* und *Ɔibil nocac* anreiht. Es ist der aufrechte im Profil gezeichnete Schlangenrachen, der die Seiten der Eingangstür einfaßte, den wir auch hier vor uns haben. Der von Zähnen starrende Schlangenrachen mit dem großen Auge, den Nüstern und den beiden Edelsteinstäben auf ihnen ist deutlich. Die Zeichnung ist lapidarer, und es scheint, daß die das Auge umziehende Schlange, die wir in der Fassade (Abb. 26) von *Hochób* sahen, fehlt. Aber das ist kein so wesentlicher Zug, daß wir darüber die Übereinstimmung in der Gesamtheit der übrigen Merkmale übersehen dürften.

VII. Die Casa del Adivino von Uxmal.

In der Übersicht, die ich oben S. 36 von den Bauwerken gegeben habe, die dem in diesem Aufsatze behandelten Typus von Fassadenbauten zuzurechnen sind, habe ich ein Gebäude nicht erwähnt, weil es nicht mehr der Provincia de los Chenes angehört, sondern weit davon entfernt inmitten andersgearteter Architekturen aufragt. Das ist das eine der Gebäude der Casa del Adivino von *Uxmal*, das in halber Höhe, zu dem an der Westseite der Pyramide des Adivino die das Erdgeschoß überbrückende breite Treppe emporführt. Ich hoffe auf diesen merkwürdigen Bau in einem späteren Aufsatze, der den Ruinen von *Uxmal* gewidmet sein soll, zurückzukommen und mich eingehend mit ihm zu beschäftigen und gebe hier nur in Abb. 58 eine Zeichnung der nach Westen gerichteten Fassade. Ein Blick auf dieses Bild genügt, zu erkennen, daß wir hier demselben Fassadentypus gegenüberstehen wie dem, den wir auf den vorstehenden Blättern in mannigfaltigen Gestaltungen kennengelernt haben. In der Tat ist auch hier der Friesteil der Fassade durch dieselbe Riesen-en-face-Maske mit den großen Augen gekennzeichnet, in ihrer Mitte eine Figur, die die ganze Nasengegend einnimmt. Die Wandfläche darunter zeigt denselben die Türeinfassung begleitenden, in halber Höhe vom Boden in scharfer Knickung rechtwinklig umbiegenden Randstreifen, der dem Lippenrande der beiden im Profil gezeichneten aufklappenden Schlangenrachen entspricht, die die Türöffnung zwischen sich haben. Und in dem innern Winkel der Rachenaufbiegung wird auch hier das Auge des im Profil gezeichneten Schlangenrachens sichtbar. Aber abgesehen von andern Einzelheiten, die in dem späteren Aufsatze genauer beschrieben und erörtert

Abb. 58. *Uxmal.* Casa del Adivino. Nach Westen gerichtete Hauptfassade des Gebäudes mittlerer Höhe.

werden sollen, sind hier zwei sehr wichtige und wesentliche Unterschiede gegenüber dem, was die zuvor beschriebenen Fassaden uns zeigen, bemerkbar:

Die Augenbrauen der großen, den Fries in seiner ganzen Breite bedeckenden En-face-Masken und die den Augapfel unten begrenzenden Wangenstücke weisen die Hieroglyphe des Planeten Venus und andere Symbole auf, die auch anderwärts mit der Hieroglyphe des Planeten Venus vergesellschaftet auftreten. Bezüglich der Einzelheiten muß ich auch hier auf die Beschreibungen und Abbildungen des späteren Aufsatzes verweisen.

Und das Auge, das in dem innern Winkel der Rachenaufbiegung der im Profil gezeichneten, die Tür einfassenden Schlangenrachen angebracht ist, das auf der Fassade von *Hochób* (oben S. 30 Abb. 26) von einer in Flachrelief ausgeführten Schlangenfigur begleitet war, ist hier in *Uxmal* von zwei in den zu Gebote stehenden Raum spiral sich einfügenden Streifen umgeben, die in gesetzmäßiger Folge mit astronomischen Zeichen erfüllt sind und als Abbilder des Himmels gelten können.

VIII. Schlußbemerkungen.

Von den in obigem behandelten sechs verschiedenen Baugruppen sind die drei ersten — *Hochób, Tabasqueño, Ɔibil nocac* — ihrer Anlage und Ausführung nach enger miteinander verwandt. Jede von ihnen enthält zwei Arten von Häusern oder Einzelbauten:

1. Auf einer Stufenpyramide, zu deren oberer Plattform an der Nord- und an der Südseite breite Treppen emporführen, sind zweizimmrige Gebäude errichtet, deren Zimmer, voneinander abgekehrt, das eine von der Nordseite, das andere von der Südseite aus betretbar ist. Teobert Maler bezeichnet diese als Tempel.

2. Ebenerdige Gebäude, die mehrere Zimmer in Reihen nebeneinander enthalten und ihre Front, wie es scheint, normal ebenfalls nach Norden oder Süden kehren. Ein Fall kommt vor (*Hochób*), wo ein solches Gebäude seine Front nach Westen hat. Teobert Maler bezeichnet diese Gebäude als Paläste. Den Namen kann man gelten lassen unter der Annahme, die wohl das Richtige trifft, daß damit Gebäude gemeint sind, die profanen Zwecken dienten, also Wohn- oder Versammlungsräume.

Die Gebäude der einen und der andern Klasse sind in *Hochób* unabhängig voneinander. In *Tabasqueño* und *Ɔibil nocac* bilden die beiden Arten von Gebäuden ein zusammenhängendes System. Die der zweiten Klasse lehnen sich mit ihren Schmalseiten an die massiven, pyramidalen Unterbaue, die die Gebäude der ersten Klasse tragen. Hier finden wir außerdem, in Verbindung mit den Reihengemächern, noch je ein dunkles Gemach, das in den massiven Kern, der die Mitte der ganzen Anlage bildet und der den Tempel trägt, hineingebaut ist. Ich habe oben festgestellt, daß dies Gemach als Verlies, als Gefängnis für Kriegsgefangene, zum Opfer Bestimmte, gedient haben muß. Wir dürfen uns demnach wohl vorstellen, daß jede dieser drei Gebäudegruppen das religiöse und politische Zentrum und der Festplatz eines Clans war, dessen Angehörige in der Nachbarschaft in Rohrhütten im Walde oder nahe ihren Feldern wohnten.

Der Aufbau der ursprünglichen Fassaden gleicht im allgemeinen dem der großen Hauptmasse der yukatekischen Bauten. Als Besonderheit mag man vielleicht die Verstärkung anführen, die den Gesimsen und dem Friese an den Kanten gegeben worden ist, wodurch Fries und Gesimse die Beschaffenheit kassettenartiger Vertiefungen erhalten. Dieser ursprünglichen Fassade ist aber — bald bei den Gebäuden der ersten Klasse (*Tabasqueño*, *Ɔibil nocac*), bald bei denen der zweiten Klasse (*Hochób*) — eine in Stuck ausgeführte, neue Fassade vorgelegt worden, die bei den Gebäuden der ersten Klasse bald die Seite, in der die Türen zu den Gemächern sich befinden (*Tabasqueño*), bald die blinde Seite des Gebäudes bedecken. In letzterem Falle (*Ɔibil nocac*) ist an der blinden Seite eine Scheintür angebracht worden, da die Art der neuen Fassade eine Tür in der Mitte verlangt.

Diese Fassade setzt sich aus vier Hauptelementen und einem akzessorischen Elemente zusammen, die in strenger Gesetzmäßigkeit in den verschiedenen Bauwerken sich wiederholen. Nur in einem Falle, bei den Flügelgebäuden des Nordpalastes von *Hochób*, ist eine Abweichung zu verzeichnen, indem dort von den vier Hauptelementen nur drei auftreten. Die vier Hauptelemente sind:

1. Zu jeder Seite der Tür des Gebäudes eine Zeichnung, die den Eindruck eines im Profil gezeichneten Schlangenrachens macht, die in Wirklichkeit aber nur die eine Hälfte eines En-face-Rachens darstellt, der die Tür umrahmt und sie gewissermaßen in sich aufnimmt, dessen Schlund gewissermaßen durch diese Tür gebildet wird. Von dem Mittelteile des Unterkiefers dieser zu einem einzigen En-face-Rachen zusammenzusetzenden Gebilde scheinen in *Tabasqueño* und auch in *Ɔibil nocac* Elemente erhalten zu sein. Das mittlere Stück des Oberkiefers dieses die Tür umrahmenden En-face-Rachens fehlt, da hier die obere Mundbegrenzung der Riesenmaske eintritt, die den Raum über der Tür füllt.

2. Das zweite Element bildet eben diese Riesen-en-face-Maske, die den Raum über der Tür in seiner ganzen Breite einnimmt, die Friesfläche der ursprünglichen Fassade samt deren Unter- und Obergesims deckend. Von dem Munde dieser Maske ist hier nur die obere Begrenzung gegeben, da auch für sie die Tür, die von der Maske überragt wird, den

Schlund bildet. Als Unterkiefer oder untere Mundbegrenzung müssen wir auch für sie die Elemente gelten lassen, die in der Fassade von *Tabasqueño* den untern Rand der Tür begrenzen. Ein Rüssel fehlt. Der Raum zwischen den Augen, die Nasengegend, wird von einem sockelartigen Aufbau eingenommen, der eine Figur getragen zu haben scheint. So ist das wenigstens in der Fassade von *Ɔibil nocac* zu sehen, der einzigen, wo dank dem Umstande, daß dort die Riesenmaske nicht über einer wirklichen, sondern über einer Scheintür steht, die Nasengegend und die Mitte des Mundes sich intakt erhalten haben.

3. Die doppelköpfige Schlange, die den obern Rand dieser Maske bezeichnet, und die, wie es sicher erscheint, die obere Region, den Himmel, vorstellen soll.

4. Säulen übereinandergebauter, mit sogenannten Elefantennasen versehener Masken, die links und rechts die Fassaden einrahmen und normal die Gestalt von Eckmasken haben, indem sie auf die nicht mit einer Fassade bekleidete Seite des Gebäudes übergreifen. In einem Falle aber, bei dem Mittelgebäude des Nordpalastes von *Hochób*, sind diese Eckmasken in die Ebene gelegt, da mit Elementen in gegebenen Ausmessungen ein größerer Raum zu füllen war. In diesem Falle sind die in die Ebene gelegten Masken aber, um ihre Eckmaskennatur zu kennzeichnen, im Profil gezeichnet. Aus dem gleichen Grunde, weil noch Raum zu füllen war, tritt bei diesem neuen Gebäude noch ein akzessorisches Element hinzu, nämlich:

5. Die Pfahldächer, die bei dem Mittelgebäude des Nordpalastes von *Hochób* die Stuckfassade links und rechts einfassen und die die wirklichen, nicht bloß theoretischen Kanten des Gebäudes bilden.

Diese gesamten Elemente sind, wie aus den Abbildungen zu ersehen ist, unabhängig von der Gliederung der ursprünglichen Fassade, die ja an den Seiten, die nicht mit der Stuckfassade verkleidet sind, noch deutlich und klar zutage tritt. Diese Stuckfassade ist demnach etwas Neues, Späteres und offenbar aus dem Wunsche entstanden, nicht nur etwas Prächtiges, Reiches zu schaffen, sondern auch einem besondern Gedanken Ausdruck zu geben. Wo dieser Gedanke entstanden ist, wissen wir nicht. Nur so viel können wir sagen, daß die Reinheit, mit der in den Fassaden von *Hochób*, *Tabasqueño* und *Ɔibil nocac* die Dekorationselemente durchgeführt sind, dafür bürgt, daß hier in *Hochób*, *Tabasqueño* und *Ɔibil nocac* eine unmittelbare Einwirkung von seiten der Erfinder jener architektonischen Gedanken vorliegen muß.

Die gleiche Reinheit des Stils weist auch die vorgesetzte Fassade des Bauwerks von *Noh cacab* und die der Bauten auf, die auf dem Gelände der alten Hacienda von Santa Rosa und in *Huntichmul I*, südlich von *Labná*, sich heute noch befinden. Doch haben hier, wie es scheint, die Grundgebäude eine andere Anordnung. Die Fassade erscheint auf dem einen Gebäude, dem *Xtampak* von Santa Rosa, sogar auf einer frei am Rande der Plattform sich erhebenden Zierwand, wie eine Predigt eines neuen Kults. In der Fassade der Casa del Adivino von *Uxmal* endlich sind alle Elemente auch noch vorhanden, aber schwerer erkennbar und in Einzelheiten willkürlich verändert, weil sie nicht mehr verstanden wurden, vielleicht aber auch, um ihre Bedeutung dem profanen Verständnisse zu entziehen.

Ich habe oben schon (vgl. S. 44 und 56) schliessen müssen, daß die beiden im Profil gezeichneten Schlangenrachen, die in den beschriebenen Fassaden die Tür einrahmen, nur als die auseinandergelegten Hälften eines En-face-Rachens zu denken sind, die ihre Zusammenfügung durch die dem Unterkiefer entsprechende, den untern Türrand bildende Zahnreihe erhalten. Und anderseits gehört die Tür, die den Zugang zu den innern Gemächern bietet, als Schlund oder Mundöffnung nicht nur zu den sie seitlich einfassenden halben Schlangenrachen, sondern auch zu der den Fries bedeckenden Riesen-en-face-Maske. Denn von dem Munde dieser Maske ist ja überall nur die obere Hälfte zur Anschauung gebracht. Ihr Mund findet seine Ergänzung durch dieselbe Zahnreihe, die den untern Türrand oder den Unterkiefer der die Tür seitlich einfassenden halben Schlangenrachen bildet. Was auf diesen Fassaden in verschiedene Gebilde auseinanderzugehn schien, ist demnach in Wirklichkeit nur durch Zerlegung aus einer und derselben einheitlich gedachten Grundfigur entstanden. So bringen die in diesem Aufsatze behandelten Fassaden in durchaus übereinstimmender, aber etwas unbehilflicher Weise den Gedanken zum Ausdruck, daß es ein geöffneter Schlangen- oder Ungeheuerrachen sein soll, der den Zugang zu den Innenräumen des Gebäudes darstellt. Es ist in Wirklichkeit das, was — wie ich oben ausführte — Bernal Diaz del Castillo an dem kleinen Tempel in *Tlatelolco*, der Nachbarstadt von *Mexico-Tenochtitlan*, sah. Aber bei dem kleinen Tempel dort war der Ungeheuerrachen an einer zylindrischen Wand, die die Rundung der mit Palmblattgeflecht gedeckten Rohrhütte der Tierra caliente wiedergab, angebracht. Und er umgab ein enges kleines Eingangsloch, durch das man nur kriechend in das Innere des Sakrariums gelangen konnte. In den Fassaden der Provincia de los Chenes mußte derselbe Gedanke auf der gegebenen Grundlage einer ebenen Tempelwand zum Ausdrucke gebracht werden. Und hohe, breite, rechtwinklig begrenzte Türen waren es, die als Schlundöffnung in den an der ebnen Wand anzubringenden Ungeheuerrachen hineinkonstruiert werden mußten. Denn die Konstrukteure dieser Fassaden gehörten einem Eroberer-stamme an, der in diese Wälder drang. Sie hatten die schwierige Aufgabe, ihre architektonischen Ideen, die Fassaden, die ohne Zweifel die heiligsten Gestalten ihrer Götterwelt zur Anschauung bringen sollten, an den Wänden der Tempel einer unterworfenen einheimischen Bevölkerung zur Ausführung zu bringen, was sie allerdings mit voller Rücksichtslosigkeit, ohne der alten Gliederung sich anzupassen, taten. Wer dieses Volk war, ist nirgends gesagt. Aber die Fassaden, die sie den Tempeln des Landes vorklebten, beweisen, daß es Verehrer *Quetzalcouatl*'s, also Mexikaner, Leute nauatlakischen Ursprungs, waren, und vieles spricht dafür, daß es Verwandte der Stämme waren, die in der Begleitung und unter dem Schutze ihres Idols, der Federschlange, in diese Wälder drangen und die sich ihr bleibendstes, großartigstes Denkmal in den Bauten, den Reliefen und den Malereien von *Chich'en Itzá* gesetzt haben[1].

Ich bin in der Lage, für diese Bestimmung noch einen besondern Beweis beibringen zu können.

Eine der merkwürdigsten Eigentümlichkeiten der Fassade des Mittelbaus des Nordgebäudes von *Hochób* ist das Flachrelief einer Schlange mit im Profil gezeichnetem, sich aufklappendem Rachen, die das Auge der großen, auf der Wandfläche angebrachten, die Tür einfassenden Schlangenrachenhälften begleitet und umgibt (vgl. Tafel VI und oben S. 30 Abb. 26). Ich habe darauf hingewiesen, daß in den Fassaden von *Tabasqueño* und *Ɔibil nocac* an derselben Stelle analoge, wenn auch vielleicht etwas reduzierte Bildungen vorliegen müssen, und daß auch in der Fassade des Ostgebäudes von *Hochób* zum mindesten eine Einzelheit dieser Schlangenfigur noch erkennbar ist. Was diese Schlangenfigur aber an dieser Stelle bedeuten könne,

[1] Vgl. den Aufsatz »Die Ruinen von *Chich'en Itzá*« in meinen »Gesammelten Abhandlungen zur amerikanischen Sprach- und Altertumskunde« Band V (Berlin 1915) S. 197—388.

darüber habe ich mich bisher noch in keine Erörterung eingelassen. Einzig aus dem Materiale, das diese Fassaden uns bieten, heraus würde eine solche Erörterung auch ziemlich aussichtslos gewesen sein. Glücklicherweise gibt es außer den genannten Fassaden, die gewissermaßen die klassische Form dieses Stils darstellen, noch eine andere, die einer spätern Zeit und einer weiter fortgeschrittenen Entwicklungsphase angehört, in die daher auch mehr hineingeheimnist worden ist, und in der alte klare Bilder durch andere ersetzt worden sind. Das ist die nach Westen schauende Fassade des Gebäudes auf halber Höhe der Casa del Adivino von *Uxmal*, von der ich in Abb. 58, oben S. 68 eine Zeichnung wiedergegeben habe.

Ich habe oben diese Fassade kurz beschrieben und werde auf sie in einem Aufsatze über die Ruinen von *Uxmal*, der dem vorliegenden Aufsatze folgen soll, noch näher einzugehen haben. Ich habe oben auch schon die beiden Hauptunterschiede hervorgehoben, die diese Fassade den andern gegenüber aufweist. Das ist einmal die Hieroglyphe des Planeten Venus und die andern Symbole, die mit dieser Hieroglyphe vergesellschaftet angetroffen werden, auf den Augenbrauen und den Wangenstücken der den Fries bedeckenden Riesen-en-face-Maske. Und ferner, daß das Flachrelief der Schlange, das in der Fassade von *Hochób* (Tafel VI und oben Abb. 26) das Auge der großen, die Tür einfassenden Schlangenrachenhälften begleitet und umgibt, hier in *Uxmal* durch zwei in den zu Gebote stehenden Raum spiral sich einfügende Streifen ersetzt ist, die in gesetzmäßiger Folge mit astronomischen Zeichen erfüllt sind und als Abbilder des Himmels gelten können. Die Hieroglyphe des Planeten Venus und die begleitenden Symbole sind wie ein Clan-Zeichen oder das Bild eines Tiergeistes, das sich der Indianer auf das Gesicht malt, wenn er zum zärimoniellen Tanze antritt. Der Träger dieser Bemalung ist damit als Vertreter oder Abbild des Wesens selbst, das seine Gesichtsbemalung wiedergibt, gekennzeichnet. Die Homologie der Schlange und der Himmelsschilder oder Himmelsstreifen ist eine Anschauung, die einem auch anderwärts vielfach entgegentritt. Ich erinnere an die beiden prächtigen, offenbar homologen Darstellungen des Himmelsgewölbes, die ich in meinem Aufsatze über *Palenque* wiedergegeben habe, an die Cedrela-Holzplatte von *Tikal*, wo der Himmel durch den hufeisenförmig gewölbten Leib einer Schlange veranschaulicht ist, und an das Stuckrelief, das die Innenseite der Nordwand der Osthalle des Hauses E des Palastes von *Palenque* schmückt, wo ein mit astronomischen Zeichen erfülltes geradlinig begrenztes Brett die Stelle der Schlange einnimmt. Es ist also das Zeichen des Himmels, das die großen, im Profil gezeichneten Schlangenrachenhälften, die in den oben beschriebenen Fassaden die Tür einrahmen, in der Umgebung ihres Auges dem Beschauer vorführen: — in den Fassaden von *Hochób*, *Tabasqueño* und *Ɔibil nocac* in Gestalt einer Schlange, auf der Fassade des Gebäudes auf halber Höhe der Casa del Adivino von *Uxmal* in Gestalt eines mit astronomischen Zeichen erfüllten Streifens, wie sie in der spätern Maya-Kunst, sowohl in den Handschriften wie auf den Monumenten, zur Bezeichnung des Himmels üblich wurden. Und diese in Flachrelief ausgeführte Gesichtsbemalung kennzeichnet die großen im Profil gezeichneten, die Tür einrahmenden Schlangenrachen als himmlische Wesen, als Sterngötter, genau ebenso wie die große En-face-Maske, die den Fries bedeckt, durch die Hieroglyphe des Planeten Venus, die sie auf der Augenbraue trägt, als Abbild der Gottheit dieses Gestirns sich kundgibt. Das aber ist es, was ich als besonders mexikanischen Zug auf diesen Fassaden namhaft machen kann.

Diese beiden Arten von Gesichtsbemalung, die mit der Schlange und die mit dem Abbilde des Sternhimmels, beide auch in der Umgebung des Auges angebracht, kommen nämlich — die eine seltner, die andere sehr häufig — in mexikanischen Bildern vor, Wesen darstellend, die sich durch diese Gesichtsbemalung als himmlische Wesen, als Sterngötter bestimmen lassen.

Das Königliche Museum für Völkerkunde in Berlin besitzt in der Uhde'schen Sammlung einen Steinkopf, dessen beide Seiten ich in der Abb. 59 wiedergegeben habe, nebst einem Datum, das auf seinem Scheitel angegeben ist. Der Kopf ist merkwürdig, weil die beiden Gesichtshälften verschieden ausgebildet sind. Schon die Krone zeigt auf der rechten Seite andere Elemente als auf der linken. Die rechte Kronenhälfte soll offenbar eine aus Papier geschnittene Krone (*amacalli*) wiedergeben; die linke soll wohl aus Federn bestehen (*iuitzoncalli*). In der Mitte der Stirnbinde, und zwar am obern Rande, ist ein Schlangen- oder Reptilrachen angebracht gewesen, der ist aber verstümmelt. Auf den Seiten der breiten Stirnbinde ist rechts das Zeichen *chalchiuitl* (grüner Edelstein, Jadeït), links ein Ring zu sehen, der eine vielleicht aus Goldblech, vielleicht auch aus Muschelschale gefertigte Ringscheibe wiedergeben sollte. An dem Hinterkopfe ist die große Schleife aus gefaltetem Papier *tlaquechpanyotl* der

Abb. 59. Steinkopf der Uhdeschen Sammlung des Königlichen Museums für Völkerkunde zu Berlin, *Quetzalcouatl* darstellend, mit verschiedenen Gesichtshälften. c. Datum *chicome acatl* »sieben Rohr« auf dem Scheitel der Figur.

Regengötter angegeben. Im rechten Ohrläppchen steckt ein runder, im linken ein mit einer viereckigen Platte versehener Pflock. Die linke Gesichtshälfte ist glatt, auf der rechten sieht man eine große Schlange, die das Auge umringelt, deren Kopf dem Kinn und deren Schwanzende der Stirn zugekehrt ist.

Die Gottheit, die in diesem Steinkopfe dargestellt sein sollte, ist mit Sicherheit als *Quetzalcouatl* zu bestimmen. Das ist schon aus dem großen

Chalchiuitl-Zeichen auf der Stirnbinde zu erschließen und wird durch das Datum bestätigt, das auf dem Scheitel angegeben ist. Dieses Datum ist *chicome acatl* »Sieben Rohr« zu lesen. Dieser Tag galt als Geburtstag *Quetzalcouatl*'s. An ihm wurden in *Cholula* große Feste gefeiert, und von weit her kamen die Pilger in großen Zügen, dem Gotte ihre Ehrfurcht zu bezeigen

Abb. 60. *Mixcouatl*, der Sterngott, die Seele des toten Kriegers, der Gott des Nordens, des Krieges und der Jagd. Abbild des vierzehnten Jahresfestes *Quecholli*. Codex Magliabecchiano XIII, 3. fol. 42.

und durch Geschenke an seine Priester die Gunst des Gottes sich zu erkaufen[1]. Der Tag gehört der dritten Dreizehnheit des *Tonalamatl*'s an, an dem *Tepeyollotli*, der Gott der Höhlen, und *Quetzalcouatl* die Regenten waren.

Der Steinkopf der Uhde'schen Sammlung (Abb. 59) ist zufälligerweise das einzige mir bekannte Monument, wo *Quetzalcouatl* mit einer das Auge umringelnden Schlange abgebildet ist. Daß diese Art der Kennzeichnung ihm aber ganz allgemein zukam, geht aus der Beschreibung der

[1] Randbemerkungen zu Codex Telleriano Remensis, fol. 10 recto.

Tracht *Quetzalcouatl*'s hervor, der ersten der vier Göttertrachten, die *Motecuhçoma* dem Cortes, der als der wiederkehrende *Quetzalcouatl* betrachtet wurde, als Gastgeschenk entgegenschickte. Dort wird als erstes und Hauptstück der Ausstattung dieses Gottes *coaxoyacatl xiuhtica tlachiualli* »die aus Türkis gefertigte Schlangenmaske« erwähnt. Und wenn die Windungen der Schlange dort in dem spanischen Texte etwas anders beschrieben werden als sie auf dem Kopfe Abb. 59 erscheinen, so ist ein wesentlicher Zug doch dem Bilde und der Beschreibung gemein, der, daß der Leib der Schlange das Auge umzieht.

Abb. 61. *Tlauizcalpan tecutli*, Gottheit des Morgensterns, und die Hieroglyphe *Ce acatl* »eins Rohr«, Regent der neunten Dreizehnheit des *Tonalamatl*'s, des astrologischen Kalenders der alten Mexikaner.
Codex Telleriano Remensis fol. 14 verso.

An derselben Stelle, d. h. das Auge umziehend, ist nun in andern mexikanischen Götterbildern ein anderes Abbild des Himmels gezeichnet, das im engern Sinne als ein Abbild des Sternhimmels oder der Nacht zu bezeichnen ist, das wir auch sonst in den mexikanischen Bilderschriften und auf Monumenten mexikanischen Ursprungs vielfach zu sehen gewohnt sind, d. h. ein dunkler Kreis, der rings mit Augen — oder mit kleinen, weißen Kreisen, die eine vereinfachte Zeichnung von Augen darstellen — umsetzt ist. Die Augen bedeuten natürlich Sterne, die von dem dunklen Himmel herabstrahlen. Zwei Götter sind es, die mit dieser Gesichtsbemalung abgebildet werden: — *Mixcouatl*, der Sterngott, die Seele des toten Kriegers, der auch als Gott des Nordens und als Jagdgott gilt (Abb. 60), und *Tlauizcalpan tecutli*, der Gott des Morgensterns (Abb. 61). Und diese Gesichtsbemalung bringt man auch auf der Maske an, die man dem Mumienbündel des toten Kriegers vorbindet. Denn dieser ist ja der *tonatiuh ilhuiac yauh* »der in den Himmel der Sonne geht«. In den Beschreibungen wird diese Gesichtsbemalung *mixcitlalhuiticac moteneua tlayoalli* genannt, d. h. »er hat sich im Gesichte mit Sternen bemalt, das nennt man Nacht (Nachthimmel)«.

Zwischen diesen Bildern in Stein und Malerei und den Fassaden der Provincia de los Chenes klafft natürlich ein großer Spalt. Aber daß die Kennzeichnung von Sterngöttern durch eine das Auge umringelnde Schlange oder ein das Auge umhüllendes Bild eines Sternhimmels ein gemeinsamer Zug ist, der einen dazu drängt, eine Übertragung anzunehmen, wird niemand verkennen können. Um so weniger, als es sich ja tatsächlich in dem einen, wie in dem andern Falle um dieselben Gestalten, um die Gottheit des Planeten Venus, handelt. Und mehr noch, der Umstand, daß man diese Gesichtsbemalung gerade in der Umgebung des Auges anbrachte — an sich ein sehr merkwürdiger Zug —, versteht sich ohne weiteres aus der mexikanischen Zeichnung des Sternhimmels, ist also ein besonders mexikanischer Zug. Es reiht sich eben dort das wirkliche Auge der Person, indem man ihm einen Platz in der Mitte des die Gesichtsbemalung bildenden Nachthimmels anwies, den gemalten Augen an, die diesen Nachthimmel umgeben, und die eben die Sterne vorstellen sollen.

Diese wenigen Bemerkungen werden genügen, zu verstehn, daß ich mich hier berechtigt halte, das Eroberervolk, das die *Quetzalcouatl*-Fassaden an den Bauten der Provincia de los Chenes anbrachte, für Mexikaner zu halten und sie also auch als den Stämmen verwandt zu betrachten, denen ein großer Teil der Bauten der alten Stadt *Chich'en Itzá* zuzuschreiben ist. Man möchte nun natürlich auch gern wissen, wie sich diese eine Abteilung des Volkes zu der andern, und wie beide sich zu den eingeborenen Stämmen verhielten, die sie neben sich hatten. Es fragt sich, ob darüber in den leider sehr magern Quellen, die wir über die alte Geschichte der Halbinsel Yucatan haben, etwas zu finden ist.

In dem geschichtlichen Abrisse, der in dem in Maya-Sprache geschriebenen Manuskripte des *Chilam Balam* von *Mani*[1] gegeben ist, mit dem auch der Bericht des Chilam Balam von *Titzimin* und der eine der drei Berichte des Chilam Balam von *Chumayel* in allen wesentlichen Punkten übereinstimmt,

[1] Daniel G. Brinton, The Maya Chronicles, Philadelphia 1882, S. 95—99.

wird erzählt, daß das Volk, das später in *Chich'en Itzá* sich niederließ, unter einem gewissen *Holonchan* in das Land (Yucatan) — oder *Chacnouitan*, wie es dort genannt wird — eingewandert sei, ein Name, der vielleicht auf das mexikanische *Chicunauhtlan* »das Land der neuen Richtungen« (?) zurückgeht. Einige Zeit darauf sei »die Provinz *Ziyan caan*, das ist *Bakhalal*«, das heutige *Bacalar* an dem großen See dieses Namens im südlichen Teile der Halbinsel Yucatan, von ihnen entdeckt worden. Und erst 60 Jahre später seien sie nach *Chich'en Itzá* gekommen. Nachdem sie 120 Jahre dort geherrscht hätten, hätten sie *Chich'en Itzá* verlassen und sich in *Champoton* angesiedelt, wo sie 260 Jahre blieben. Danach hätten sie *Champoton* verlassen und wären 40 Jahre heimatlos in der Waldwildnis umhergezogen, dann wäre die Gründung von *Uxmal* erfolgt durch den *Ah çuitok Tutul xiu*, und 200 Jahre lang hätten *Uxmal*, *Chich'en Itzá* und *Mayapan* vereint über das Land geherrscht. Danach wäre *Chich'en Itzá* durch den Verrat *Hunac ceel*'s und durch die sieben Mexikaner von *Mayapan* zerstört worden, die an einer Stelle des *Chilam Balam* von *Titzimin* (fol. 11 verso) mit *Nacxit Kukulcan*, d. h. *Quetzalcouatl*, identifiziert werden. Und volle 13 Katune oder Perioden von 20 × 360 Tagen später habe dann die Zerstörung von *Mayapan* das Ende der Fremdherrschaft in Yucatan gebracht.

Ein anderer kurzer Bericht, der im Chilam Balam von *Chumayel*[1] uns erhalten ist, und der alle Zeichen größerer Ursprünglichkeit an sich trägt, scheint die Dinge richtiger wiederzugeben. Ich lasse den Text hier in Übersetzung folgen, indem ich zuvor bemerke, daß das Wort *Katun*, das in dem Texte in einem fort sich wiederholt, einen Zeitraum von 20 × 360 Tagen bedeutet:

»Im *Katun* 4 *ahau* wurden sie geboren

. . . .

dreizehn Katune herrschten sie,
folgendes sind ihre Namen, [die sie führten]
in der Zeit wo sie herrschten: —
Im *Katun* 4 *ahau* kamen sie herab (wurden sie geboren)
das große Herabkommen, das kleine Herabkommen,
wie sie genannt wurden.
Dreizehn Katune herrschten sie

[1] University of Pennsylvania. The Museum. Anthropological Publications, Vol. V, fol. 42. — Vgl. auch Brinton a. a. O. S. 178. 179.

(dreizehn Katune) wurden nach ihnen benannt,
in diesen setzten sie sich auf den Thron,
dreizehn waren es, die sich auf den Thron setzten
(d. h. dreizehn verschiedene, verschieden benannte Katun-Anfänge gab es).
Im *Katun* 4 *ahau* suchten sie *Chich'en Itza*,
da wurde ein Wunder für sie getan durch ihre Väter.
Vier Abteilungen waren ausgezogen,
aus den vier Abteilungen der Welt: —
aus dem Osten, aus *Kin colah peten*, kam eine Abteilung,
aus dem Norden, aus *Nacocob*, kam eine andere Abteilung,
und eine Abteilung kam aus der Höhle *Zuiva*, aus dem Westen,
und eine Abteilung kam aus dem Gebirge Canek's (*canhek uitz*),
aus den neun Bergen (*bolonte uitz*)
wie das Land [im Süden] genannt wird.
Im Katun 4 ahau wurden sie gerufen
aus den vier Abteilungen, den vier Abteilungen der Welt,
wie sie genannt wurden,
da kamen sie herab nach *Chich'en Itza* (wurden sie geboren in *Chich'en Itzá*)
die *Itza*-Leute, wie sie dann genannt wurden.
Dreizehn Katune herrschten sie
da geschah es, daß sie verraten wurden durch *Hunac ceel.*
Da wurde ihre Stadt zerstört,
da giengen sie mitten in den Wald,
an den Ort, der *Tan xuluc mul* genannt wird.
Im *Katun* 4 *ahau* schrie ihre Seele,
dreizehn Katune herrschten sie (weilten sie dort)
und lebten im Elend.
Im *Katun* 8 *ahau* kamen die übrigen *Itzá*-Leute,
wie sie genannt werden,
sie kamen hierher,
die zu dieser Zeit in *Champoton* herrschten.
Im *Katun* 13 *ahau* gründeten die Stadt *Mayapan*
die *Maya*-Leute, wie sie genannt werden.
In 8 *ahau* wurde deren Stadt zerstört

und sie zerstreuten sich in ganz Yucatan.
Sechs Katune, nachdem ihre (Stadt) zerstört worden war,
hörte der Name der *Maya* auf.
Im *Katun* 11 *ahau* hörte der Name der *Maya*-Leute auf.
Die *Maya* hießen Christen
das ganze Regiment (übte aus)
St. Peter von Rom und des Königs Majestät.

Die ersten zwölf Zeilen dieses Berichts stellen das chronologische System fest — die 13 mit einem Tage *ahau* beginnenden Katune, nach deren Ablauf der Anfangstag des Katun's wieder dieselbe Ziffer und dasselbe Zeichen trug wie zuvor. Diese 13 Katune wurden in den Büchern des *Chilam Balan* durch die Bilder von dreizehn mythischen Königen bezeichnet.

Dann kommt die Folge der Ereignisse, die in diesem zweiten kurzen Berichte ziemlich klar ist: — Aus den vier Teilen der Welt kommen sie, sich in *Chick'en Itzá* anzusiedeln. Nach einer vollen Periode von 13 Katunen werden sie durch den Verrat *Hunac ceel's* aus ihrer Stadt vertrieben und ziehen heimatlos im Walde umher. Nach wieder einer vollen Periode, oder beinahe einer solchen, kommen die »übrigen Itza-Leute« (*yalaob ah ytza ukabaob*), von denen gesagt wird, daß sie »in der Zeit in *Champoton* herrschten«. Danach erst wird — und zwar von *Maya*-Leuten, nicht von *Itzá*-Leuten *Mayapan* gegründet, und es folgen die bekannten Ereignisse bis zur Eroberung des Landes durch die Spanier.

Hier werden also deutlich zwei Schichten von *Itzá*-Leuten, d. h. Einwanderern mexikanischen Ursprungs, unterschieden — die einen, die von Anbeginn da waren und in der Stadt *Chick'en Itzá* ihren Sitz hatten, und die anderen, späteren, die von *Champoton*, d. h. von den an das mexikanische Sprach- und Einflußgebiet grenzenden Landschaften, ihren Ausgangspunkt nahmen. Für die ersteren mag die Angabe des ersten Berichts, daß sie über *Bacalar*, d. h. von Süden, von Belize aus, in Yucatan einwanderten, seine Richtigkeit haben. Denn es sind in neuerer Zeit in Belize einige Hügel aufgegraben worden[1], die sehr merkwürdige Übereinstimmungen mit Vorkommnissen in *Chick'en Itzá* aufweisen. Die anderen, die *yalaob ah ytzá*, sind von *Champoton* gekommen. Sie haben wir wohl als diejenigen anzusehen, die die in den vorstehenden Blättern beschriebenen *Quetzalcouatl*-

[1] Vgl. den Aufsatz über die Ruinen von *Chick'en Itzá* in meinen »Gesammelten Abhandlungen«, Bd. V (1915) S. 372—374.

Fassaden an den Bauten der Provincia de los Chenes anbrachten. Denn diese Provinz ist *Campeche* benachbart und *Champoton* nicht fern. Mit diesen Mexikanern des westlichen Teils der Halbinsel Yucatan verknüpft sich auch besonders der Name *Kukulcan*, d. h. *Quetzalcouatl.* Bischof Landa berichtet, daß nach der allgemeinen Meinung der Indianer zusammen mit den *Ah Itzá*, die *Chich'en Itzá* gegründet hatten, ein großer König geherrscht habe, den man *Kukulcan* nannte — das werde auch durch das Hauptgebäude in *Chich'en Itzá* bewiesen (das Castillo), das man *Kukulcan* nenne. Dieser *Kukulcan* sei von Westen nach Yucatan gekommen, und die Indianer wären nur darüber unter sich nicht einig gewesen, ob er vor den *Ah Itzá* oder nach ihnen oder mit ihnen ins Land gekommen sei. Dieser habe nach dem schmählichen Tode der Gründer von *Chich'en Itzá* die Stadt *Mayapan* erbaut, deren Haupttempel auch den Namen *Kukulcan* getragen habe, und wo noch ein anderer Tempel sich befunden habe, runder Gestalt, mit vier Türen, abweichend von den übrigen Tempeln dieses Landes. *Kukulcan* habe einige Jahre in dieser Stadt gelebt, zusammen mit den Herren von *Mayapan*, und habe dann das Land in der Richtung nach *México* verlassen, nachdem er noch einige Zeit sich in *Champoton* aufgehalten habe, wo er zu seinem Gedächtnisse und zum Andenken an seine Abreise mitten im Meere, einen großen Steinwurf vom Ufer entfernt, einen Tempel nach Art des von *Chich'en Itzá* errichtet habe. Nach seiner Rückkehr sei *Kukulcan* in Mexiko als Gott angesehen und unter dem Namen Cezalcouati (*Quetzalcouatl*) verehrt worden.

Mit dieser Darstellung stimmt im wesentlichen übrigens auch der andre, ausführlichere einheimische Bericht, der des Chilam Balam von *Mani*, überein. Nur daß dieser die Mexikaner von *Chich'en Itzá* mit denen von *Champoton* identifiziert, indem er jene nach Zerstörung ihrer Stadt nach *Champoton* ziehn und von dort aus wieder einwandern läßt. Aber die Einwanderung der letzteren setzt auch der Bericht von *Mani* in die Zeit vor der Gründung von *Mayapan*. Dieser Ort wird als große, ummauerte Stadt (*ichpaa*) und als Sitz einer Zentralgewalt geschildert. Seine Eroberung und Zerstörung ist das einzige Datum der alten yukatekischen Geschichte, das mit einiger Sicherheit nach den verschiedenen Quellen zu bestimmen ist. Wir können für dieses Ereignis das Jahr 1451 ansetzen. Der zweite, spätere Strom mexikanischer Einwanderung, der die nördlich von *Champoton* gelegenen Gegenden des westlichen Yucatans zum Ziele hatte, und dem die Stämme angehörten, die ihr heiliges Symbol, das *Quetzalcouatl*-Gesicht, auf den Fassaden der Tempel des Landes anzubringen liebten, muß danach etwa um das Jahr 1190 p. Chr. erfolgt sein — ein Datum, das übrigens dem des Auszugs der Mexikaner aus ihrer Urheimat *Aztlan* (1168 p. Chr.) merkwürdig naheliegt.

Nun habe ich schließlich noch einer Sache zu gedenken. Wenn, wie es nach allem, was ich angeführt habe, doch wahrscheinlich oder nahezu sicher ist, es mexikanische Einwanderer waren, die die *Quetzalcouatl*-Fassaden den Wänden der alten Tempel des Landes vorgeklebt haben, so ergibt sich, daß diese aus einem in bestimmter Richtung ausgebildeten und sehr reich entwickelten Schatze von Formen und Verzierungen geschöpft haben müssen, den sie in den alten, von ihnen neuverzierten einheimischen Bauten nicht vor sich hatten. Und das wäre, wenn es sich bewahrheitet, von schwerwiegendster Bedeutung, denn es hieße nicht mehr und nicht weniger, als daß die großartige, künstlerisch hochbedeutsame Entwicklung, die in den Steinbauten der großen Ruinenstädte des Maya-Gebiets vorliegt, nicht in diesem Gebiete selbst, oder genauer, nicht bei den einheimischen Stämmen dieses Gebietes, ihren Ausgangspunkt genommen haben kann, sondern daß es die auf den alten Handels- und Karawanenstraßen vordringenden mexikanischen Stämme und ihre Affiliierten waren, die in einem neuen Herrschaftsgebiete und mit den Hilfsmitteln volkreicher unterworfener Stämme, zweifellos auch von einem besondern religiösen Bewußtsein getragen, diese Entwicklung einleiteten. Vieles spricht in der Tat dafür, daß insbesondere die wissenschaftlichen Errungenschaften dieser Stämme, oder was ihnen als wissenschaftliche Errungenschaft galt, — der Kalender und die astronomischen Feststellungen, vor allem der Venusumlauf von 584 Tagen, vielleicht auch der Katalog der Finsternisse, der vor wenigen Jahren in der Dresdner Maya-Handschrift nachgewiesen worden ist —, von den Mexikanern erfunden worden sind. Für den Kalender ist mir das schon immer klar gewesen. Die 20 Tageszeichen, die die Grundlage dieses Kalenders bilden, sind bei den Mexikanern, sprachlich und bildlich, ursprünglich und klar; bei den Maya-Stämmen, insbesondere den Maya von Yucatan, abgeleitet, z. T. ganz unverständlich geworden, eine esoterische Priesterweisheit. Die Entwicklung von den mexikanischen zu den Maya-Formen ist deutlich und von mir nachgewiesen[1]. Eine Entwicklung in um-

[1] Vgl. meinen Aufsatz »Die Tageszeichen der aztekischen und der Maya-Handschriften und ihre Gottheiten«. Gesammelte Abhandlungen zur amerikanischen Sprach- und Altertumskunde. Bd. I (Berlin 1902) S. 419 ff.

gekehrter Richtung ist einfach undenkbar. Und was den Venusumlauf betrifft, so habe ich schon vor Jahren den Nachweis geführt[1], daß er den Mexikanern genau ebenso bekannt war wie den Maya. Die Darstellungen in den Handschriften der Codex-Borgia-Gruppe und auf den Blättern 46—50 der Dresdner Maya-Handschrift sind in den wesentlichsten Zügen homolog. Aber die Gottheiten, die den fünf Abteilungen von je dreizehn Venusumläufen vorstehen, sind in der Codex-Borgia-Gruppe klare, auch aus andern Handschriften bekannte mexikanische Gestalten. In der Dresdner Handschrift ist nur die erste Gestalt, der schwarze Gott, auch aus andern Teilen der Handschrift und aus den andern Maya-Handschriften bekannt. Die übrigen vier sind ἅπαξ λεγόμενα, erscheinen nur auf diesen Blättern 47—50 der Dresdner Handschrift. Der erste Gott dieser vier (Dresdner Handschrift, Blatt 47) ist in Zeichnung und Ausstattung von mayaartigem Ansehn. Die andern unterscheiden sich vielleicht auch in der Art der Zeichnung von den andern Bildern dieser Handschrift nicht viel. Aber Gesichtsbemalung und Schmuck ist bei der einen und der andern wenigstens ganz entschieden mexikanischer Art. Was endlich den Katalog der Finsternisse angeht, die Entdeckung meines jungen Freundes Martin Meinshausen, der leider bei einem Sturmangriffe an der russischen Front sein Leben hat lassen müssen, so habe ich dafür eine Parallele in den mexikanischen Handschriften bislang noch nicht gefunden, würde mich aber gar nicht wundern, wenn eine solche noch zum Vorschein käme. Die Frage nach dem Ursprunge der mexikanisch-mittelamerikanischen Kulturen ist lange Zeit in unrichtiger Weise beantwortet worden. Man muß dem Nebeneinander von Mexikanern und Maya-Völkern in dem von den letzteren bewohnten Gebiete Rechnung tragen und der reichern Entwicklung, die die sich ausbreitenden mexikanischen Stämme auf diesem Boden erfuhren. Dann wird man meiner Auffassung, daß die Mexikaner im wesentlichen die Gebenden, die Maya-Völker die Empfangenden waren, ihre Berechtigung nicht absprechen können.

[1] »Die Venusperiode in den Bilderschriften der Codex-Borgia-Gruppe«. Gesammelte Abhandlungen Bd. I (Berlin 1902) S. 618 ff.

Hochob. Ost- und Südseite des Tempelhofes. Aufnahme von Teobert Maler.

Seler: Die Quetzalcouatl-Fassaden yukatekischer Bauten.

Taf. I.

Hochób. Der Pyramidentempel an dem Ostende der Südseite des Tempelhofes. Nord- und Westfassade.
Aufnahme von Teobert Maler.

Seler: Die Quetzalcouatl-Fassaden yukatekischer Bauten.

Taf. II.

Hochob. Das Gebäude an der Ostseite des Tempelhofes. Westfassade. Aufnahme von Teobert Maler.

Seler: Die Quetzalcouatl-Fassaden yukatekischer Bauten.

Taf. III.

Hochob. Dreiteiliger Palast an der Nordseite des Tempelhofes. Südfassade. Aufnahme von Teobert Maler.

Seler: Die Quetzalcouatl-Fassaden yukatekischer Bauten.

Taf. IV.

Hochob. Dreiteiliger Bau an der Nordseite des Tempelhofes. Östliches Flügelgebäude. Südfassade. Aufnahme von Teobert Maler.

Seler: Die Quetzalcouatl-Fassaden yukatekischer Bauten.

Taf. V.

Hochób. Dreiteiliger Bau an der Nordseite des Tempelhofes. Mittelgebäude. Südfassade. Aufnahme von Teobert Maler.

Seler: Die Quetzalcouatl-Fassaden yukatekischer Bauten.

Taf. VI.

El Tabasqueño. Gebäude auf dem Südrande der großen künstlichen Aufschüttung. Nordfassade. Aufnahme von Teobert Maler.

Seler: Die Quetzalcouatl-Fassaden yukatekischer Bauten.

Taf. VII.

El Tabasqueño. Das obere Stockwerk des Baus auf dem Südrande der großen künstlichen Aufschüttung. Nordfassade. Aufnahme von Teobert Maler.

Seler: Die Quetzalcouatl-Fassaden yukatekischer Bauten.

Taf. VIII.

Ɔibil nocac, Pyramidenbau am Ostende des großen Hauptpalastes. Westseite und Südwestecke.
Aufnahme von Teobert Maler.

Seler: Die Quetzalcouatl-Fassaden yukatekischer Bauten.

Taf. IX.

Nohcacab II, südöstlich von *Hoppelch'en*. Fassadenrest. Aufnahme von Teobert Maler.

Seler: Die Quetzalcouatl-Fassaden yukatekischer Bauten.

Taf. X.

Xlabpak de Santa Rosa. Das Gebäude mit dem Halbgewölbe, nördlich von dem großen Hauptpalaste *Xtampak.*
Aufnahme von Teobert Maler.

Seler: Die Quetzalcouatl-Fassaden yukatekischer Bauten.

Taf. XI.

Huntichmul I, südlich von *Labná.* Rest der Hauptfassade des Tempels der zwei Gemächer auf der obern Fläche der großen an den Berg gebauten Stufenpyramide.
Aufnahme von Teobert Maler.

Seler: Die Quetzalcouatl-Fassaden yukatekischer Bauten.

Taf. XII.